“十三五”高等学校计算机类规划教材

数字图像处理实验指导与实训案例

章立亮●主编

中国铁道出版社有限公司
CHINA RAILWAY PUBLISHING HOUSE CO., LTD.

内 容 简 介

本书是“数字图像处理”课程的实验与编程实训指导书，实验环境以 Matlab 2012b 为平台。全书分为两篇：第一篇数字图像处理实验指导，共包含 9 章内容，每一章又包括知识要点、相关函数及示例程序、实验指导、实验项目等内容；第二篇数字图像处理实训案例，共包含 8 个实训，每一个实训包括实训目的、实训内容、实现步骤、实现程序等内容。

本书适合作为电子信息工程、通信工程、数字媒体技术、计算机科学与技术相关专业的本（专）科生的“数字图像处理”课程的实验与编程实训指导书，也可作为从事图像处理的工程技术人员的参考用书。

图书在版编目(CIP)数据

数字图像处理实验指导与实训案例/章立亮主编. —北京：中国铁道出版社有限公司，2020.12(2024.8 重印)

“十三五”高等学校计算机类规划教材

ISBN 978-7-113-27537-2

Ⅰ.①数… Ⅱ.①章… Ⅲ.①图象数据处理-高等学校-教学参考资料 Ⅳ.①TN911.73

中国版本图书馆 CIP 数据核字(2020)第 273225 号

书　　名：数字图像处理实验指导与实训案例

作　　者：章立亮

策　　划：张围伟　　　　**编辑部电话：**(010) 63549458

责任编辑：祁　云　包　宁

封面设计：刘　颖

责任校对：苗　丹

责任印制：樊启鹏

出版发行：中国铁道出版社有限公司（100054，北京市西城区右安门西街 8 号）

网　　址：https://www.tdpress.com/51eds/

印　　刷：北京铭成印刷有限公司

版　　次：2020 年 12 月第 1 版　2024 年 8 月第 3 次印刷

开　　本：787 mm×1 092 mm　1/16　**印张：**11　**字数：**273 千

书　　号：ISBN 978-7-113-27537-2

定　　价：32.00 元

前 言

为贯彻落实党的二十大精神，加快推进教育高质量发展，加快建设教育强国，为社会经济建设提供强有力的人才和智力支撑，大力培养国家关键领域急需的专业技术人才，加强教材建设，落实教材建设国家事权。为进一步提高计算机专业人才培养的实践性，我们组织编写了本书。

数字图像处理主要研究的是将图像信号转换成数字信号并利用计算机对其进行处理，使之能具备更好的视觉效果或满足某些应用的特定需求。数字图像处理技术在军事公安、航空航天、遥感测绘、医学、通信以及教育、娱乐、管理等方面得到广泛应用，它已成为计算机科学、电子信息及其相关专业的一个热门研究课题，同时是一门多学科交叉、理论性和实践性都很强的综合性课程，许多图像处理算法在现实生活中都有着很好的实际应用，学习这门课程必须通过大量的编程实践才能理解和掌握其中的原理和方法。

本书作为“数字图像处理”课程的实验与编程实训指导书，在各章节中为读者提供了Matlab常用图像处理函数的使用示例和大量的实验程序源代码，在梳理数字图像处理课程的基础知识和基本方法的同时，通过实验程序实例帮助读者掌握图像处理程序设计的基本规则与编程方法，进一步加深对课程相关内容的理解，以期提高读者对本课程的学习效果和图像编程的实际应用能力。

全书内容分为两篇，具体内容安排如下。

第一篇共包含9章，即Matlab数字图像处理基础、图像基本运算、图像变换、图像增强、彩色图像处理、图像形态学处理、图像分割、图像复原、图像识别初步，每一章又包括知识要点、相关函数及示例程序、实验指导、实验项目等内容。

第二篇共包含8个实训，即细胞计数器、数字水印、自动人脸识别、身份证号码识别、车牌自动识别、图像去雾处理、照片特效处理、基于Matlab的医学图像处理系统，每一个实训包括实训目的、实训内容、实现步骤、实现程序等内容。

限于编者的水平和经验，书中疏漏或不足之处在所难免，敬请广大读者批评指正。编者电子邮件地址为：ndsyzll@163.com。

编 者
2024年8月

目 录

第一篇 数字图像处理实验指导

第二篇　数字图像处理实训案例

第一篇

数字图像处理实验指导

本篇对本科阶段数字图像处理这门课程的主要内容进行简明扼要的概括总结，并提供了 Matlab 常用图像处理函数和实验指导的实验示例及实验项目题，具体包括 Matlab 数字图像处理基础、图像基本运算、图像变换、图像增强、彩色图像处理、图像形态学处理、图像分割、图像复原和图像识别初步等 9 章内容，每一章又包含知识要点、相关函数及示例程序、实验指导和实验项目等 4 部分。

第1章 Matlab 数字图像处理基础

1.1 知识要点

1. 数字图像处理的目的

一般而言，对图像进行处理主要包括以下3个方面的目的。

- 提高图像的视觉质量。如去除图像中的噪声、改变图像的亮度和颜色、增强/抑制图像中的某些成分、对图像进行几何变换等，从而改善图像的质量。
- 提取图像中所包含的某些特征或特殊信息，为计算机分析图像提供便利。如提取的特征或信息用于模式识别或计算机视觉的预处理。这些特征可以包括频域特征、灰度/颜色特征、边界/区域特征、纹理特征、形状/拓扑特征和关系结构等。
- 图像数据的变换、编码和压缩，以便于图像的存储和传输。

2. 数字图像的几个常见术语

- 像素(Pixel)：构成数字图像的最小单位，它是图像采样的网格单位，以矩阵的方式排列。
- 屏幕分辨率：设备最大可显示的像素点的集合，由它确定屏幕上显示图像区域的大小。一般用水平和垂直方向包含的像素点的数量来表示，如800×600。
- 图像色彩深度：指图像中每个像素点能够呈现颜色的多少，以bit(位)为单位。在实际应用中常用位数表示。例如，256色的彩色图像称为8位图像，显示$2^8=256$种颜色。
- 灰度等级：又称灰阶，指在黑白图像中最黑与最白之间共包含多少个灰度级别。
- dpi(dot per inch)：设备分辨率，主要指输出设备上每英寸所显示的像素点数，如打印机的设备分辨率为600～1 200 dpi，数值越高，效果越好。
- ppi(pixel per inch)：输入设备分辨率的高低，反映了图像中存储信息量的多少，它决定了图像的根本质量，如1 024×768 ppi的图像质量远高于640×648 ppi的图像。

3. 数字图像的表示

(1)坐标约定

一幅数字图像可以采用两种方法来表示(假设图像的大小是M行、N列)：

① 如图1-1-1(a)所示，图像原点定义在$(x, y)=(0, 0)$处。x的范围是从$0\sim M-1$的整数，y的范围是从$0\sim N-1$的整数。

② 如图 1-1-1(b)所示，图像原点定义在$(r, c) = (1, 1)$处。r 的范围是从 $1 \sim M$ 的整数，c 的范围是从 $1 \sim N$ 的整数。这是 Matlab 图像处理工具箱所用的坐标系统。

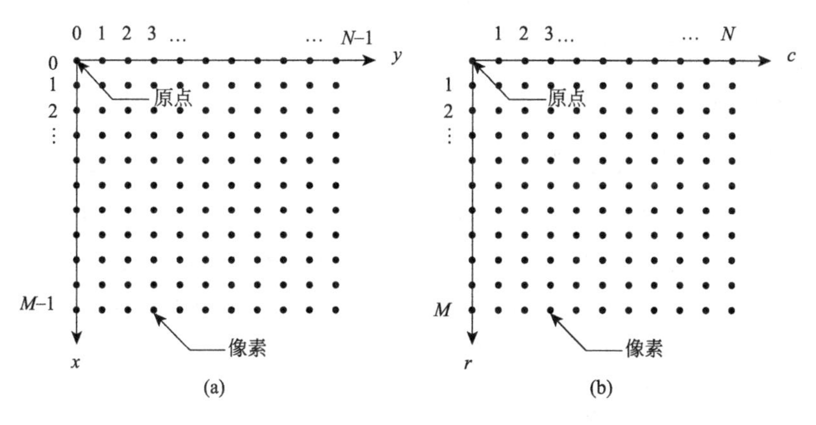

图 1-1-1　图像坐标系示意图

(2)图像的矩阵表示

对应于图 1-1-1(a)所示的坐标系统，采用式(1-1-1)的矩阵表示数字图像，而对应于图 1-1-1(b)所示的坐标系统，则采用式(1-1-2)的矩阵表示数字图像。在利用 Matlab 软件描述处理图像算法时，一般都用式(1-1-2)来表示数字图像，其中符号 $f(x,y)$ 表示位于 x 行、y 列像素的灰度值。

$$\boldsymbol{f(x,y)} = \begin{bmatrix} f(0,0) & f(0,1) & \cdots & f(0,N-1) \\ f(1,0) & f(1,2) & \cdots & f(1,N-1) \\ \vdots & \vdots & & \vdots \\ f(M-1,0) & f(M-1,1) & \cdots & f(M-1,N-1) \end{bmatrix} \quad (1\text{-}1\text{-}1)$$

$$\boldsymbol{f(x,y)} = \begin{bmatrix} f(1,1) & f(1,2) & \cdots & f(1,N) \\ f(2,1) & f(2,2) & \cdots & f(2,N) \\ \vdots & \vdots & & \vdots \\ f(M,1) & f(M,2) & \cdots & f(M,N) \end{bmatrix} \quad (1\text{-}1\text{-}2)$$

4. Matlab 中图像的数据类型

在 Matlab 中，常用的图像数据类型如表 1-1-1 所示。

表 1-1-1　Matlab 支持的数据类型

数据类型	描　述
double	双精度浮点数，范围为 $-10^{308} \sim 10^{308}$ (8 字节每像素)
uint8	无符号 8 位整数，范围为[0,255] (1 字节每像素)
uint16	无符号 16 位整数，范围为[0,65 535] (2 字节每像素)
uint32	无符号 32 位整数，范围为[0,429 496 729 5] (4 字节每像素)
int8	有符号 8 位整数，范围为[-128,127] (1 字节每像素)
int16	有符号 16 位整数，范围为[-32 768,327 67] (2 字节每像素)

续表

数据类型	描　述
int32	有符号 32 位整数，范围为[－2 147 483 648,2 147 483 647]（4 字节每像素）
single	单精度浮点数，范围为 $-10^{38} \sim 10^{38}$（4 字节每像素）
char	字符型(2 字节每像素)
logical	逻辑型，值为 0 或 1(1 字节每像素)

在 Matlab 中，图像的数据类型有双精度浮点型、无符号整型、单精度浮点型、字符型和逻辑型等。最常用到的是 double 型和 uint8 型。用 imread( )函数读入图像的数据类型是 uint8，默认情况下，Matlab 将图像数据存储为 double 型，即 64 位浮点数，uint 型的优势是节省空间，但涉及运算时，为了防止产生数据溢出和保证运算精度，图像数据在进行运算前要先转换成 double 型。

5. Matlab 中的图像类型

图像类型是指图像在数据文件中的存储方式。Matlab 图像处理工具箱支持 4 种基本类型：二值图像、灰度图像、真彩色图像和索引图像。

(1)二值图像

在二值图像中，像素的颜色只有两种取值：黑或白。Matlab 将二值图像存储为一个逻辑数组，每个元素的取值为 0 或 1，0 表示黑色，而 1 表示白色。

Matlab 中使用 uint8 型的逻辑数组存储一幅二值图像，而一个取值为 0 和 1 的 uint8 型数组，在 Matlab 中并不认为是二值图像。使用 logical()函数可以把数值数组转换为逻辑数组。要测试一个数组是否为逻辑数组，可以使用 islogical()函数实现。

(2)灰度图像

灰度图像只有强度信息，没有彩色信息。存储灰度图像只需要一个数据矩阵，矩阵的每一元素表示对应位置的像素的灰度值。灰度图像的数据类型可以是 double 型，值域为[0,1]，也可以是 uint8 型或 uint16 型，值域分别为[0,255]和[0,65 535]。

(3)真彩色图像

真彩色图像又称 RGB 图像，R、G、B 分别对应三原色红、绿、蓝，每个像素的内存单元存储着 R、G、B 三个分量，每个像素的颜色由三个分量共同确定。对于一个 $m \times n$ 的彩色图像来说，在 Matlab 中需要一个 $m \times n \times 3$ 的三维数组来存储。$A(x,y,1:3)$ 表示图像 A 中 (x,y) 处的像素 RGB 值，像素的红、绿、蓝色值分别保存在元素 $(x,y,1)$ 、$(x,y,2)$ 、$(x,y,3)$ 中。

真彩色图像可用双精度型来存储，此时的灰度值范围是 [0,1]，像素值 (0,0,0) 代表黑色，像素值 (1,1,1) 代表白色。真彩色图像也可以用无符号整型来存储。如果使用 uint8 存储，这时灰度值的范围是 [0,255]，红、绿、蓝每一种原色都可以有 256 种变化。R、G 和 B 的取值若为 0，表示该颜色的成分不取，255 表示该颜色的成分取最大值。例如，如果一个像素的三个分量为 (255,0,0) 表示该像素为红色；如果三个分量为 (0,255,0) 表示该像素为绿色；如果三个分量为 (0,0,255) 表示该像素为蓝色。

(4)索引图像

Matlab 的索引图像包含两个结构：一个是图像数据矩阵，一个是颜色索引表(又称调色板)。

调色板是一个 $m\times3$ 的颜色映射矩阵，包含了不同的颜色，矩阵的每一行代表一种颜色，每种颜色以红、绿、蓝三种颜色的组合来表示，图像的每一个像素对应一个数字，而该数字对应调色板中的一种颜色。调色板的单元个数是与图像的颜色数相对应的，256 色图像的调色板就有 256 个单元。索引颜色的图像最多只能显示 256 种颜色。

索引图像的数据矩阵的类型可以是 double 类型或者 uint8 类型。图像矩阵和调色板序号之间的关系取决于图像矩阵的类型，调色板通常和索引图像存在一起，当读入图像时，Matlab 同时加载调色板，然后根据索引值找到最终的颜色。

6. 常见的图像文件格式

(1)BMP 格式图像

BMP 是 Windows 操作系统中的标准图像文件格式，在 Windows 环境下运行的所有图像处理软件都支持这种格式。

BMP 图像文件的特点是不进行压缩处理，具有极其丰富的色彩，图像信息丰富，能逼真表现真实世界。因此，BMP 格式的图像文件的尺寸比其他格式的图像文件相对要大得多，不适宜在网络上传输。

(2)GIF 格式图像

GIF 是在各种平台的各种图形处理软件上均能够处理的、经过压缩的一种图像文件格式。

GIF 格式图像文件的特点是压缩比高，磁盘空间占用较少，适宜网络传输，所以这种图像广泛应用在网络媒体中，已经成为网络上图像传输的通用格式，速度要比传输其他图像文件格式快得多，经常用于动画、透明图像等。它的最大缺点是最多只能处理 256 种色彩，图像存在一定的失真，故不能用于存储真彩色的图像文件。

(3)JPEG/JPG 格式图像

JPEG/JPG 是最为常见的图像文件格式，是一种有损压缩格式，能够将图像压缩在很小的存储空间，适合在网络中传播，可减少图像的传输时间，它是目前网络和彩色扩印最适宜的图像格式。

JPEG/JPG 格式图像的优点是有着非常高的压缩比率，使用 24 位色彩深度能展现十分丰富的真彩色图像。其缺点是压缩算法是有损压缩，会造成图像画面少量失真，不支持任何透明方式。

(4)PNG 格式图像

PNG 是一种采用无损压缩的网络图像格式，适用于色彩丰富复杂、图像画面要求高的情况，PNG 能够提供长度比 GIF 小 30%的无损压缩图像文件。

PNG 汲取了 GIF 和 JPG 二者的优点，存储形式丰富，兼有 GIF 和 JPG 的色彩模式，它的第二个特点是能把图像文件压缩到极限以利于网络传输，但又能保留所有与图像品质相关的信息，第三个特点是显示速度很快，第四个特点是 PNG 支持透明图像的制作。PNG 的缺点是不支持动画应用效果。

(5)TIFF 格式图像

TIFF 是在 Macintosh 计算机和基于 Windows 的计算机中广泛使用的图像格式，主要用来存储包括照片和艺术图在内的图像，TIFF 与 JPEG 和 PNG 一起成为流行的高位彩色图像格式。

它的特点是图像格式复杂、存储信息多，正因为它存储的图像细微层次的信息非常多，图像的质量也得以提高。该格式有压缩和非压缩两种形式，其中压缩可采用无损压缩方案存储。TIFF 的缺点是不受 Web 浏览器支持。可扩展性会导致生成许多不同类型的 TIFF 图片，并不是所有 TIFF 文件都与所有支持基本 TIFF 标准的程序兼容。

1.2 相关函数及示例程序

1. 图像的读/写和显示函数

(1)图像读取函数：imread( )

imread()函数用于图像文件的读取，其使用格式如下。

• I = imread('filename.fmt')：将主文件名为 filename、扩展名为 fmt 的图像文件中的数据读到矩阵 I 中(可以加上文件的路径)。

• [X, map] = imread('filename.fmt')：将主文件名为 filename、扩展名为 fmt 的索引图像文件中的数据读到矩阵 X 中，同时将颜色索引表保存在矩阵 map 中。

(2)图像写入函数：imwrite( )

imwrite( )函数用于存储图像文件，通过指定不同的保存文件扩展名，起到图像格式转换的作用，其使用格式如下。

• imwrite(A, 'filename.fmt')：将图像数据矩阵 A 写入到名为 filename.fmt 的文件中(可以加上保存文件的路径)。

• imwrite(X, map, 'filename.fmt')：将索引图像数据矩阵 X 和与它相关联的调色板 map 写入文件 filename.fmt。

说明：如果 X 的数据类型是 uint8、uint16，则 imwrite( )函数会原封不动地将 X 数据写入到文件中；如果 X 的数据类型是 double，则 imwrite( )函数会将 X 数据进行变换后再写入文件，变换为 uint8(X−1)。

(3)读取图像文件信息函数：imfinfo( )

imfinfo( )函数用于读取图像文件的有关信息，其使用格式如下。

imfinfo('filename.fmt')：读取图像文件中的某些属性信息，如修改日期、大小、格式、高度、宽度、色深、颜色空间、存储方式等。

(4)图像显示函数：imshow( )

① 二值图像的显示。imshow( )函数用于显示二值图像，其使用格式如下。

imshow(BW)：BW 为二值图像的数据矩阵。

说明：在二值图像中，值为 0 的像素点显示为黑色，值为 1 的像素点显示为白色。

② 灰度图像显示。imshow( )函数用于显示灰度图像，其使用格式如下。

• imshow(I, n)：I 为灰度图像的数据矩阵，n 为灰度级数目(n 可省略，默认值为 256)。

• imshow(I, [low high])：可选参数[low high]指定显示灰度图像时的灰度范围，图像的数据矩阵 I 中所有灰度值小于 low 的像素都被显示为黑色(0)，所有灰度值大于 high 的像素都被显示为白色(1),灰度值介于 low 和 high 之间的像素按比例显示为各种等级的灰色。

• imshow(I, [ ]):可选参数指定为空矩阵[ ],则将图像的数据矩阵中的最小值设置为 low、最大值设置为 high,这对显示动态范围较小的图像非常有用,可以起到增强图像对比度的效果。

③ RGB 图像的显示。imshow( )函数用于显示 RGB 图像,其使用格式如下。

imshow(RGB):RGB 为 $m\times n\times 3$ 的矩阵,任意像素点(r, c)颜色的显示由数组$(r, c, 1:3)$决定。

④ 索引图像的显示。imshow( )函数用于显示索引图像,其使用格式如下。

imshow(X, map):X 为索引图像的数据矩阵,map 为颜色索引表(调色板)。

说明:索引图像包括一个数据矩阵 X 和一个颜色索引表 map。

⑤ imshow('filename. fmt') 用于直接显示图像。

说明:用 imshow( )函数显示图像时,图像数据必须是 uint 型或归一化的 double 型(数值在 0～1 之间),非归一化的 double 型图像不能正确显示,因为 imshow( )显示图像时,Matlab 默认 double 类型图像数据是位于 0～1 之间的。如果图像的数据类型为 double 型,用 imshow( )显示时一定要加“[ ]”,即 imshow(img, [ ])。

(5)多幅图像的显示函数

有时需要将多幅图像放在一起显示以便于比较,可以在同一窗口或者不同窗口显示多幅图像,Matlab 提供了两个函数实现这种方式。

① figure( )函数用于新创建一个图像显示窗口。imshow( )函数总是在当前窗口中显示一幅图像,当需要显示另一幅图像时,为了避免新图像的显示覆盖原图像,可以使用 figure( )函数创建一个新的显示窗口。例如:

```
imshow(I1);
figure, imshow(I2);
figure, imshow(I3);
```

② subplot( )函数将一个图形窗口划分为多个显示区域以显示多幅图像。如 subplot(m, n, p)函数可以创建一个有 m 行、n 列个区域的窗口,并将焦点定位于第 p 个区域,从而将多幅图像显示在同一个显示窗口的不同区域位置。

(6)其他一些常用函数

① clc、clear all、close all。clc 的作用是清屏幕,即 Command Window 里的内容会被清除掉,但是它的值仍然存在工作空间里。clear all 是删除工作空间中所有的变量,后面要用时需要重新定义。close all 是将所有已经打开的图形窗口关闭。

② type function。Matlab 里面有很多内置的函数,当用户想查看函数内容时,就可以用 type function 实现。如想要查看 imshow()函数的内容,输入 type imshow 命令后即可看到。

③ help function/doc function。可以用来查看函数的用途、语法等。

④ title('label') 或 xlabel('label')。可以用来显示图像的标题。

⑤ colormap(hot)、colorbar。为当前图像设置调色板和显示调色板,添加的调色板用来指示图像中不同颜色所对应的数据值。例如

```
I= imread('moon.tif');
```

```
imshow(I,[64 128]);
colormap(hot);
colorbar;
```

⑥ whos imagename。可以用来读取图像 imagename 的基本信息。

2. 图像的数据类型转换函数

常见的图像数据类型转换函数如表 1-1-2 所示。

表 1-1-2 常见的图像数据类型转换函数

函数名称	将输入转换为	有效输入数据类型
im2uint8()	uint8	logical、uint8、uint16、double
im2uint16()	uint16	logical、uint8、uint16、double
im2double()	double	logical、uint8、uint16、double
im2bw()	logical	uint8、uint16、double
mat2gray()	double，值域为[0，1]	logical、uint8、uint16、double

上述转换函数的使用格式如下。

(1)im2uint8()函数

B=im2uint8(A):将输入的图像数据 A 转换为 uint8 型。

有效输入数据类型:logical、uint8、uint16、double。

(2)im2uint16()函数

B=im2uint16(A):将输入的图像数据 A 转换为 uint16 型。

有效输入数据类型:logical、uint8、uint16、double。

(3)im2double()函数

B=im2double(A):将输入的图像数据 A 转换为 double 类型。

有效输入数据类型:logical、uint8、uint16、double。

(4)im2bw()函数

B=im2bw(A):将输入的图像数据 A 转换为 logical 型(二值图像)。

有效输入数据类型:uint8、uint16、double。

(5)mat2gray()函数

B=mat2gray(A):将输入的图像数据 A 转换为归一化 double 型(值域[0,1])。

有效输入数据类型:logical、uint8、uint16、double。

说明:

• im2uint8( )函数是将所有小于 0 的数值设置为 0、所有大于 1 的数值设置为 255,而将所有其他数值乘以 255。如果图像数据是归一化的 double 类型(0～1 之间)可直接使用im2uint8( )函数,这样不仅完成数据类型转换,而且将 0～1 之间映射为了 0～255 之间的数据。

• 如果图像数据是 double 类型的 0～255,直接用 im2uint8( )函数进行转换的话,Matlab 会将大于1的数据都转换为255,0～1之间的数据才会映射到0～255之间整型的数据,此时则使用uint8( )函数将double类型的0～255数据换为uint8类型(将数据切割至0～255之间,超过255按255),最好使用mat2gray( )函数将图像数据转换成归一化的double类型。

• im2double( )函数会自动检测输入数据的类型,如果输入是uint8、uint16、logical类型,则将其值归一化到0～1之间(如在检测到输入数据换为uint8类型时,此函数会将所有的数值都除以255),但如果输入的数据本身就是double类型,并不进行归一化处理。mat2gray( )函数可以将各种类型的输入图像都转换为[0,1]之间的double类型。

• 如果对非归一化的double型的图像数据使用uint8( )进行转换时,对区间[0,255]之外的值,Matlab会将所有小于0的值转换为0,所有大于255的值转换为255,而在0～255之间的值将全部舍去小数部分转换为整数,返回值与原本的图像相同,不会出错,而对归一化的double型(范围为[0,1])的图像数据则应使用im2uint8( )函数进行转换。如果不能一一对应,则会出错。也可以对非归一化的double型的图像数据先使用mat2gray( )函数转换成[0,1]之间的double类型灰度图像,然后再使用im2uint8( )函数转换成uint8类型的灰度图像。例如:

```
A= im2uint8(mat2gray(img))
```

• 使用I = imread('filename.fmt')函数得到的图像I不可以进行算术运算,Matlab系统默认的算术运算是针对双精度类型(double)的数据,而上述命令产生的矩阵的数据类型是uint8型,直接进行运算会溢出。此时可以先使用double( )函数将uint8型数据转换为double型数据,然后再进行运算。

3. 图像类型转换函数

常用的图像类型转换函数如表1-1-3所示。

表1-1-3　常用的图像类型转换函数

函数名称	描　述
im2bw()	通过设定阈值将灰度、真彩色、索引图像转换成二值图像
rgb2gray()	将真彩色图像转换成灰度图像
gray2ind()	将灰度图像(或二值图像)转换成索引图像
ind2gray()	将索引图像转换成灰度图像
rgb2ind()	将真彩色图像转换成索引图像
ind2rgb()	将索引图像转换成真彩色图像
dither()	通过颜色抖动,将真彩色图像转换成索引图像或灰度图像转换成二值图像
grayslice()	通过设定的阈值将灰度图像转换成索引图像
mat2gray()	将一个数据矩阵转换成一幅灰度图像

上述转换函数的使用格式如下。

(1)im2bw( )函数

• BW = im2bw(I, level):将灰度(真彩色)图像I转换为二值图像。

• BW = im2bw(X, map, level):将索引图像X(调色板 map)转换为二值图像。

其中,level 为阈值,取值范围 0 ~ 1。

说明:输入图像为 uint8 或 double 类型,输出图像为 uint8 类型。

(2)rgb2gray()函数

• I = rgb2gray(RGB):将彩色图像 RGB 转换为灰度图像。

• newmap=rgb2gray(map):将调色板彩色色图 map 转换为灰度色图。

说明:如果输入的为真彩色图像,则可以是 uint8 或 double 类型,输出图像 I 与输入图像的类型相同。如果输入的为彩色色图,则输入和输出的图像都为 double 类型。

(3)gray2ind ()函数

• [X, map] = gray2ind(I, n):按指定的灰度级 n 将灰度图像 I 转换为索引图像 X,n 的取值范围为 1~65 536,默认值为 64。

• [X, map] = gray2ind(BW, n):将二值图像 BW 转换为索引图像 X,n 为索引颜色数目,取值范围为 1~65 536,默认值为 2。

(4)ind2gray ()函数

I = ind2gray (X, map):将索引图像 X(色图为 map)转换为灰度图像。

说明:输入图像为 uint8 或 double 类型,输出图像为 double 类型。

(5)rgb2ind()函数

rgb2ind()函数用于将真彩色图像转换为索引图像,可以采用直接转换、均匀量化、最小方差量化、颜色图近似 4 种方法。

• [X, map] = rgb2ind(RGB):直接将真彩色转换为具有色图 map 的索引图像 X。

• [X, map] = rgb2ind(RGB, n):使用最小量化方法将真彩色转换为索引图像,map 包括至少 n 种颜色。

• X = rgb2ind(RGB, map):通过将真彩色图像中的颜色与色图 map 中最相近的颜色匹配,将真彩色图像转换为具有色图 map 的索引图像 X。

• [X, map] = rgb2ind(RGB, tol):用均匀量化方法将真彩色图像转换为索引图像,tol 的范围为 0.0~1.0。

(6)ind2rgb()函数

RGB = ind2rgb(X, map):将索引图像 X(色图为 map)转换为真彩色图像。

说明:输入图像为 uint8 或 double 类型,输出图像为 double 类型。

(7)dither()函数

在 Matlab 中 dither()函数通过颜色抖动(颜色抖动即改变像素点的颜色,使像素颜色近似于色图的颜色,从而以空间分辨率来换取颜色分辨率)来增强输出图像的颜色分辨率,从而达到转换图像的目的。

• X = dither(RGB, map):通过抖动算法将真彩色图像 RGB 按指定的色图 map 转换为索引图像 X。

• X = dither(RGB, map, Qm, Qe):利用给定的参数 Qm,Qe 从真彩色图像 RGB 中产生

索引图像 X。Qm 表示沿每个颜色轴反转色图的量化（即对于补色各颜色轴）的倍数，Qe 表示颜色空间计算误差的量化位数。如果 Qm < Qe，则不进行抖动操作。Qm 的默认值是 5，Qe 的默认值是 8。

- BW = dither(I)：通过抖动将灰度图像 I 转换为二值图像 BW。

说明：输入图像（RGB 或 I）可以是 double 型或 uint8 型，其他参数类型必须是 double 型。如果输出的图像是二值图像或颜色种类少于 256 的索引图像时，为 uint8 型，否则为 double 型。

（8）grayslice()函数

X = grayslice(I, n)：将灰度图像 I 均匀量化为 n 个等级，然后转换为索引图像 X。

说明：输入图像为 uint8 或 double 类型。如果阈值 n 小于 256，则输出图像 X 的数据类型是为 uint8 类型，X 的值域为 $[0,n]$，否则输出图像 X 为 double 类型，值域为 $[1,n+1]$。

（9）mat2gray()函数

I = mat2gray (A, [amin　amax])：按指定的取值区间[amin　amax]将数据矩阵 A 使用归一化方法转换为灰度图像 I，其中，amin 和 amax 指定了函数在转换时的下限和上限。矩阵 A 中低于 amin 的数值被设置为 0，矩阵 A 中高于 amax 的数值被设置为 1。如果没有指定取值区间，系统自动将数据矩阵 A 中的最小值设为 amin，最大值设为 amax。

示例程序 1：图像的读/写和显示。

```
clc;                                          % 清空屏幕
clear all;                                    % 清除工作空间中所有变量
close all;                                    % 关闭所有图形窗口
BW= imread('fill.jpg');                       % 读取一幅二值图像
subplot(2,2,1); imshow(BW); title('二值图像'); % 在指定的窗口区域显示图像
I= imread('cameraman.tif');                   % 读取一幅灰度图像
subplot(2,2,2); imshow(I,[64,128]); title('灰度图像');  % 按灰度范围[64,128]显示图像
RGB= imread('autumn.tif');                    % 读取一幅彩色图像
subplot(2,2,3); imshow(RGB); title('彩色图像');
[X,map]= imread('canoe.tif');                 % 读取一幅索引图像
subplot(2,2,4); imshow(X,map); title('索引图像');
imwrite(I,'cameraman.bmp');                   % 将灰度图像保存为 bmp 格式
```

示例程序 2：将灰度图像转换为二值图像。

```
clc; clear all; close all;
I =  imread('autumn.tif');                    % 读取一幅灰度图像
BW =  im2bw(I, 0.5);                          % 转换为二值图像
imshow(I);                                    % 显示原灰度图像
figure, imshow(BW);                           % 创建一个新的显示窗口,并显示二值图像
```

示例程序 3：将真彩色图像转换为灰度图像。

```
clc; clear all; close all;
RGB =  imread('peppers.png');                 % 读入彩色图像
I=  rgb2gray(RGB);                            % 读入的图像转换为灰度图像
subplot(1, 2, 1); imshow(RGB); title('真彩色图像'); % 显示原图像
subplot(1, 2, 2); imshow(I); title('灰度图像'); % 显示灰度图像
```

示例程序 4：将灰度图像转换为索引图像。

```
clc; clear all; close all;
```

```
I = imread('cameraman.tif');                    % 读入灰度图像
[X, map] = gray2ind(I, 16);                     % 转换为索引图像
subplot(1, 2, 1); imshow(I); title('灰度图像'); % 显示原图像
subplot(1, 2, 2); imshow(X, map); title('索引图像'); % 显示索引图像
```

示例程序5:将真彩色图像转换为索引图像。

```
clc; clear all; close all;
RGB= imread('autumn.tif');                      % 读入真彩色图像
[X, map] = rgb2ind(RGB, 128);                   % 转换为索引图像
subplot(1, 2, 1); imshow(RGB); title('真彩色图像'); % 显示原图像
subplot(1, 2, 2); imshow(X, map); title('索引图像'); % 显示索引图像
```

示例程序6:将真彩色图像抖动为索引图像。

```
clc; clear all; close all;
RGB= imread('autumn.tif');                      % 读入真彩色图像
map = pink(1024);                               % 生成色图
X = dither(RGB, map);                           % 抖动为索引图像
subplot(1, 2, 1); imshow(RGB); title('真彩色图像'); % 显示原图像
subplot(1, 2, 2); imshow(X, map); title('索引图像'); % 显示索引图像
```

示例程序7:通过设定阈值将灰度图像转换为索引图像。

```
clc; clear all; close all;
I= imread('snowflakes.png');                    % 读入灰度图像
X = grayslice (I, 16);                          % 转换为索引图像
imshow(I); title('灰度图像');                   % 显示原图像
figure; imshow(X, jet(16)); title('索引图像');% 显示索引图像
```

示例程序8:将图像滤波后产生的矩阵转换为灰度图像。

```
clc; clear all; close all;
I= imread('rice.png');                          % 读入图像
J = filter2 (fspecial('sobel'), I);             % 滤波产生数据矩阵
K = mat2gray(J);                                % 将数据矩阵转换为灰度图像
subplot(1, 2, 1); imshow(I); title('原图像');   % 显示原图像
subplot(1, 2, 2); imshow(K); title('滤波后图像');% 显示滤波后的图像
```

1.3 实验指导

实验示例:图像的读/写、显示和查询

(1)实验内容

读入一幅图像,查询该图像的文件信息,修改图像文件格式后再进行保存,创建两个显示窗口分别显示原图像和修改格式之后的图像,同时注上文字标题。

(2)实验原理和方法

imread()函数用于读入各种图像文件,其一般的用法为:[X,MAP]=imread('filename','fmt'),其中X、MAP分别为读出的图像数据和颜色表数据,fmt为图像的格式,filename为读取的图像文件(可以加上文件的路径)。

imwrite()函数用于输出图像，其语法格式为：imwrite(X，map，filename，fmt)，该函数按照fmt指定的格式将图像数据矩阵X和调色板map写入文件filename。

imfinfo()函数用于读取图像文件的有关信息，其语法格式为：imfinfo(filename，fmt)，imfinfo()函数返回一个结构info，它反映了该图像的各方面信息，其主要数据包括：文件名(路径)、文件格式、文件格式版本号、文件的修改时间、文件的大小、文件的长度、文件的宽度、每个像素的位数、图像的类型等。

(3)参考程序

```
clc; clear all;  close all;              % 清屏、清除工作区中变量、关闭图形窗口
I= imread('rice.tif');                   % 读入图像
whos I;                                  % 显示图像 I 的基本信息
imfinfo('rice.tif' )                     % 查询图像文件信息
imwrite(I, 'rice.bmp');                  % 以位图(BMP)的格式存储图像
J= imread('rice.bmp');
figure, imshow(I); title('原图像');      % 定义图形窗口，显示图像
figure, imshow(J); title('修改格式后的图像');
colormap(hot);                           % 设置调色板
colorbar;                                % 显示调色板
```

1.4 实验项目

图像类型的转换和颜色变化

(1)实验目的

① 熟悉Matlab的各种图像类型。

② 理解索引图像的存储机制。

③ 掌握图像类型之间的转换方法。

④ 掌握在同一个显示窗口显示多幅图像的方法。

(2)实验内容

读入一幅RGB图像，将该图像转换成索引图像和二值图像，并在同一个显示窗口内分成三个区域分别显示RGB图像、索引图像和二值图像。尝试修改所得索引图像的调色板矩阵的值，观察修改前后图像颜色的变化。

第 2 章 图像基本运算 <<<

2.1 知识要点

1. 图像代数运算

图像的代数运算是对图像中的每个像素进行加、减、乘、除运算。当两幅或两幅以上图像进行代数运算时，要保证这些输入图像的大小相同和数据类型相同。对于灰度图像的运算结果为对每个像素的灰度值进行四则运算，如果图像为彩色图像，则分别对三个通道的颜色分量进行四则运算。

对超出数据类型允许范围结果的修正规则：

- 超出有效范围的整型数据将被截取为限定范围的最大值或最小值。
- 对分数计算结果进行四舍五入。

(1)加法运算

图像加法运算的用途：

- 对多幅图像求平均，以便有效地消除或减少图像的随机噪声。
- 将多幅图像进行叠加处理，以产生一种特效。

(2)减法运算

图像减法运算的用途：

- 检测同一场景中两幅图像之间的变化或运动的物体。
- 去除一幅图像中不需要的图案，如消除背景阴影以突出目标。
- 获取图像中的边界部分。

(3)乘法运算

图像乘法运算的用途：

- 实现图像的掩模操作，即屏蔽图像中的某些部分。
- 对图像进行缩放操作，以产生明暗效果。

(4)除法运算

图像除法运算的用途：

- 校正由于照明或传感器的非均匀性造成的图像灰度阴影。
- 利用不同时间段图像的除法所得到的比率图像，用来检测两图像的区别。

2. 图像逻辑运算

图像逻辑运算就是将两幅图像的对应像素进行逻辑操作，得到一幅新的图像。图像的逻辑运算主要应用于图像增强、图像识别、图像复原和区域分割等领域，它与代数运算的不同在于，逻辑运算既关注图像像素点的数值变化，也注重位变换的情况。

基本逻辑运算有 4 种：

- 与运算(AND)。
- 或运算(OR)。
- 非运算(NOT)。
- 异或运算(XOR)。

3. 图像几何运算

通过几何运算，可以根据需要使原图像产生大小、形状和位置等的变化。几何运算从变换的性质来分，可以分为图像的位置变换(平移、旋转和镜像)、图像的形状变换(缩放和裁剪)及图像的复合变换等。

(1)图像的插值

图像插值是指利用已知邻近像素点的灰度值来产生未知像素点的灰度值。常用的灰度插值方法有 3 种：

- 最近邻插值法：直接插值为和它最相近的像素灰度值。
- 双线性插值法。
- 双三次插值法。

(2)图像的平移

图像平移是将图像中的所有像素点按照指定的平移量移动一个相等的距离。设 (x_0, y_0) 为原图像上一个像素点的坐标，(x_1, y_1) 为平移后的坐标，Δx 表示水平方向的平移量，Δy 表示垂直方向的平移量。则这两点之间有以下关系：

$$\begin{cases} x_1 = x_0 + \Delta x \\ y_1 = y_0 + \Delta y \end{cases}$$

说明：对于原图像中被移出图像显示区域的点，可以将该点的像素值设置为 0 或 255，即使其颜色为黑色或白色。

(3)图像的旋转

图像旋转是将图像上的所有像素点绕某一点旋转同一个角度。图像经过旋转后，图像的位置发生了改变。设 (x_0, y_0) 为原图像上一个像素点的坐标，(x_1, y_1) 为旋转后的坐标，θ 表示旋转角度。则这两点之间有以下关系：

$$\begin{cases} x_1 = x_0 \cos\theta + y_0 \sin\theta \\ y_1 = -x_0 \sin\theta + y_0 \cos\theta \end{cases}$$

说明：在图像旋转变换后，可以把转出显示区域的图像截去，也可以扩大显示区域的图像范围以显示图像的全部内容。

(4)图像的缩放

图像缩放是将图像在 x 方向和 y 方向按比例缩放一定的倍数,从而获得一幅新的图像。设 (x_0,y_0) 为原图像上一个像素点的坐标,(x_1,y_1) 为缩放后的坐标,a 表示图像沿 x 方向的缩放比例,b 表示图像沿 y 方向的缩放比例。则这两点之间有以下关系:

$$\begin{cases} x_1 = ax_0 \\ y_1 = by_0 \end{cases}$$

上式中,若比例系数 a 和 b 大于 1,则图像被放大,反之则缩小。

(5)图像的镜像

图像镜像是将图像相对于某一参照面旋转 180°的变换。图像的镜像变换包括 3 种类型。设 (x_0,y_0) 为原图像上一个像素点的坐标,(x_1,y_1) 为缩放后的坐标,w 表示图像的宽度,h 表示图像的高度。

- 水平镜像。图像的水平镜像是以图像的垂直中轴线为中心,将图像分为左右两部分。

水平镜像的变换式为:

$$\begin{cases} x_1 = -x_0 + w \\ y_1 = y_0 \end{cases}$$

图像的水平镜像变换的矩阵表示形式为:

$$(x,y,1) = (x_0,y_0,1)\begin{bmatrix} -1 & 0 & 0 \\ 0 & 1 & 0 \\ w & 0 & 1 \end{bmatrix}$$

- 垂直镜像。图像的垂直镜像是以图像的水平中轴线为中心,将图像分为上下两部分。

垂直镜像的变换式为:

$$\begin{cases} x_1 = x_0 \\ y_1 = -y_0 + h \end{cases}$$

图像的垂直镜像变换的矩阵表示形式为:

$$(x,y,1) = (x_0,y_0,1)\begin{bmatrix} 1 & 0 & 0 \\ 0 & -1 & 0 \\ 0 & h & 1 \end{bmatrix}$$

- 对角镜像。图像的对角镜像是将图像进行水平镜像后再进行垂直镜像。

对角镜像的变换式为:

$$\begin{cases} x_1 = -x_0 + w \\ y_1 = -y_0 + h \end{cases}$$

图像的对角镜像变换的矩阵表示形式为:

$$(x,y,1) = (x_0,y_0,1)\begin{bmatrix} -1 & 0 & 0 \\ 0 & -1 & 0 \\ w & h & 1 \end{bmatrix}$$

(6)图像的裁剪

如果只需要图像的一部分,就必须对图像进行裁剪处理,在原图像上选择一个裁剪区域,可以把指定的图像区域裁剪下来。

2.2　相关函数及示例程序

1. 代数运算函数

(1)imadd()函数

imadd()函数用于将两幅图像中对应像素值相加,或者给一幅图像的每个像素值加上一个常数。其使用格式如下。

Z=imadd(X,Y):X、Y为输入图像,它们的大小和数据类型相同,Z为输出图像,其大小和数据类型与X、Y相同。如果Y为常数,则对X中的每个像素值都加上这个常数。当数据发生溢出时,将数据截取为数据类型允许的最大值,为了避免这种现象,在计算前可以将图像转换为一种数据范围更大的数据类型。

(2)imsubtract()函数

imsubtract()函数用于将两幅图像中对应像素值相减,或者给一幅图像的每个像素值减去一个常数。其使用格式如下。

Z=imsubtract(X,Y):X、Y为输入图像,它们的大小和数据类型相同,Z为输出图像,其大小和数据类型与X、Y相同。如果Y为常数,则对X中的每个像素值都减去这个常数。减法操作有时可能导致某些像素值变为一个负数,此时会自动将这些负数截取为0。

(3)imabsdiff()函数

imabsdiff()函数用于计算两幅图像的绝对值差。其使用格式如下。

Z=imabsdiff(X,Y):各参数的含义和imsubtract()函数的参数相同。

(4)immultiply()函数

immultiply()函数用于将两幅图像中对应像素值相乘,或者给一幅图像的每个像素值乘以一个常数,乘法运算可以用来屏蔽图像的某些部分,其使用格式如下。

Z=immultiply(X,Y):X、Y为输入图像,它们的大小和数据类型相同,Z为输出图像,其大小和数据类型与X、Y相同。如果Y为常数,则对X中的每个像素值都乘以这个常数,如果乘数大于1,则会使图像变亮;如果乘数小于1,则会使图像变暗。这种操作通常将会产生比简单添加像素偏移量更自然的明暗效果。

(5)imdivide()函数

imdivide()函数用于将两幅图像中对应像素值相除,或者给一幅图像的每个像素值除以一个常数。除法运算可以用来校正成像设备的非均匀性造成的图像灰度阴影,也可以用来检测两幅图像间的区别。其使用格式如下。

Z=imdivide(X,Y):X、Y为输入图像,它们的大小和数据类型相同,Z为输出图像,其大小和数据类型与X、Y相同。如果Y为常数，则对X中的每个像素值都除以这个常数。

(6)imcomplement()函数

imcomplement()函数用于对一幅图像进行求补。其使用格式如下。

Z=imcomplement(X)：X为输入图像，Z为输出图像，它们的大小和数据类型相同。X可以是二值、灰度或者彩色图像。当对二值图像求补时，0变为1，1变为0，即实现黑、白色互换。当X为灰度图像或彩色图像时，每个像素值与该类型支持的最大值相减，输出差值。

(7)imlincomb()函数

imlincomb()函数用于对几幅图像进行线性组合运算。其使用格式如下。

Z=imlincomb(k1，A1，k2，A2，…，kn，An)：计算k1×A1+k2×A2+…+kn×An，其中k1，k2，…，kn为实数类型的双精度标量，A1，A2，…，An是数据类型为双精度实型的输入图像，它们的大小和数据类型相同，Z为输出图像，其大小和数据类型与输入图像相同。

说明：使用图像处理工具箱中的图像代数运算函数无须进行数据类型间的转换，这些函数能够接收uint8和uint16数据，并返回相同格式的图像结果。

2. 逻辑运算函数

(1)bitand()函数

bitand()函数用于对两幅图像进行按位(二进制位)与运算。其使用格式如下。

Z=bitand(X，Y)：X、Y为输入图像，它们的大小和数据类型相同，Z为输出图像，其大小与X、Y相同。

(2)bitor()函数

bitor()函数用于对两幅图像进行按位(二进制位)或运算。其使用格式如下。

Z=bitor(X，Y)：各参数的含义和bitand()函数的参数相同。

(3)bitcmp()函数

bitcmp()函数用于对一幅图像的每个像素值按位(二进制位)求补运算。其使用格式如下。

Z=bitcmp(X)：X为输入图像，Z为输出图像，其大小与X相同。

(4)bitxor()函数

bitxor()函数用于对两幅图像进行按位(二进制位)异或运算。其使用格式如下。

Z=bitxor(X，Y)：各参数的含义和bitand()函数的参数相同。

3. 几何运算函数

(1)imrotate()函数

imrotate()函数用于对一幅图像进行旋转操作，其使用格式如下。

Z=imrotate(A，angle，method，bbox)：A为输入图像；参数angle表示绕图像的中心点旋转的角度，正数表示逆时针旋转，负数表示顺时针旋转；参数method表示指定的插值方法；参数bbox表示输出图像的属性；Z为输出图像。

参数method的取值如下：

- 'nearest'：表示最邻近插值法(默认值)。
- 'bilinear'：表示双线性插值法。
- 'bicubic'：表示双三次插值法。

参数 bbox 的取值如下：

- 'crop'：表示对旋转后的图像进行裁剪，保持输出图像的大小和输入图像一致。
- 'loose'：表示使输出图像足够大，以保证原图像旋转后超出图像大小范围的像素没有丢失，此为默认值。

(2)imresize()函数

imresize()函数用于对一幅图像进行缩放操作，其使用格式如下。

- Z=imresize(A,scale,method)：A 为输入图像；参数 scale 表示缩放比例，如果 scale 大于1，则进行放大操作，如果 scale 小于 1，则进行缩小操作；参数 method 的含义与 imrotate()函数相同；Z 为输出图像。
- Z=imresize(A,[rows,cols],method)：A 为输入图像；参数 rows 和 cols 表示输出图像的高度和宽度。由于这种格式允许图像缩放后长宽比例和原输入图像长宽比例不相同，因此所产生的图像有可能发生畸变。参数 method 的含义与 imrotate 函数相同，Z 为输出图像。

(3)imcrop()函数

imcrop()函数用于对一幅图像进行裁剪操作，其使用格式如下。

- Z=imcrop (A)：对图像进行交互式裁剪。A 为输入图像；Z 为输出图像。
- Z=imcrop (A,rect)：对图像进行非交互式裁剪。A 为输入图像；参数 rect 表示指定的裁剪窗口：[xmin　ymin　width　height]；Z 为输出图像。

(4)maketform()函数

maketform()函数用于创建二维空间变换结构，其使用格式如下。

Tform=maketform(type,matrix)：参数 type 表示指定变换的类型；参数 matrix 表示相应的变换矩阵；Tform 为返回的变换结构体，它包含了执行变换需要的所有参数。

参数 type 的取值如下。

- 'affine'：二维或多维仿射变换，包括平移、旋转、比例、拉伸和错切等。
- 'projective'：二维或多维投影变换。
- 'custom'：自定义函数进行变换。
- 'box'：仿射变换另一种参数形式。
- 'composite'：多种变换的组合变换。

(5)imtransform()函数

imtransform()函数用于按照指定的二维空间变换结构对图像进行几何变换处理，其使用格式如下。

Z=imtransform(A,Tform,method)：A 为输入图像；参数 Tform 由 maketform()函数获取；参数 method 的含义与 imrotate()函数相同，默认为双线性插值；Z 为输出图像。

示例程序 1：利用图像的乘法运算截取图像区域。

读入一幅图像，设置圆形掩模模板，对于需要保留下来的区域，掩模图像的值置为 1，而在需要被抑制掉的区域，掩模图像的值置为 0，并使用此掩模模板截取输入图像的局部区域。

```
clc; clear all; close all;
I= imread('cat.jpg');                     % 读入一幅彩色图像
I= im2double(I);
[m, n, k]= size(I);                       % 获取输入图像的大小
J= zeros(m, n);
x= 350; y= 550; r= 160;                   % 设置掩模模板的中心点和半径
for i= 1:m                                % 设置圆形掩模模板
    for j= 1:n
      if (i- x)* (i- x)+ (j- y)* (j- y)< r^2
          J(i, j)= 1;
      end
    end
  end
K1= immultiply(I(:, :, 1), J);            % 截取图像的三个分量的局部区域
K2= immultiply( I(:, :, 2), J);
K3= immultiply( I(:, :, 3), J);
K= cat(3, K1, K2, K3);                    % 合成彩色图像的局部区域
subplot(1, 3,1); imshow(I);
subplot(1, 3,2); imshow(J);
subplot(1, 3,3); imshow(K);
```

示例程序 2:图像的逻辑运算。

```
clc; clear all; close all;
I= imread('cameraman.tif');               % 读入一幅灰度图像
J= imdivide(I, 2);
K1= bitand(I, J);                         % 按位与运算
K2= bitor(I, J);                          % 按位或运算
K3= bitand(I, J);                         % 按位补运算
subplot(2,2,1); imshow(I); title('原图像');
subplot(2,2,2); imshow(K1); title('位与运算的图像');
subplot(2,2,3); imshow(K2); title('位或运算的图像');
subplot(2,2,4); imshow(K3); title('位补运算的图像');
```

示例程序 3:图像的平移变换。

```
clc; clear all; close all;
I= imread('peppers.png');                 % 读入一幅彩色图像
[m, n, k]=  size(I);                      % 获取输入图像的大小
J= zeros(m, n, k);
disp('请输入平移距离 x, y:');
x= input('x:');   y= input('y:') ;        % 平移距离
for i= 1:m                                % 平移变换
    for j= 1:n
        if ((i- x> 0)&(i-  x< = m)&( j- y> 0) &( j- y< = n))
            J(i, j, :) = I(i- x, j-  y, :);
        else
            J(i, j, :)= 255;              % 移出的部分置白
        end
    end
```

```
end
subplot(1,2,1); imshow(I); title('原图像');
subplot(1,2,2); imshow(uint8(J)); title('平移后的图像');
```

示例程序 4:溢出调整的图像平移变换。

```
clc; clear all; close all;
I= imread('peppers.png');                    % 读入一幅彩色图像
[m, n, k]= size(I);                          % 获取输入图像的大小
I= im2double(I);
disp('请输入平移距离 x, y:');
x= input('x:');   y= input('y:') ;          % 平移距离
J= ones(m+ abs(x), n+ abs(y),K);
for i= 1:m
    for j= 1:n
        if(x< 0&y< 0)                        % 如果进行右下移动,对新图像矩阵进行赋值
            J(i,j,:)= I(i,j,:);
        elseif(x> 0&y> 0)
            J(i+ x,j+ y,:)= I(i,j,:);
        elseif(x> 0&y< 0)
            J(i+ x,j,:)= I(i,j,:);
        else
            J(i,j+ y,:)= I(i,j,:);
        end
    end
end
imshow(I);
figure, imshow(J);
```

示例程序 5:图像的缩放与旋转变换。

```
clc; clear all; close all;
I= imread('lena.jpg');                                 % 读入一幅灰度图像
J1= imresize(I, 0.2, 'nearest ');                      % 用最近邻插值法缩小图像
J2= imresize(I,20, 'bilinear');                        % 用双线性插值法放大图像
J3= imrotate(I, 30, 'bicubic', 'crop');                % 用 crop 方式旋转图像
J4= imrotate(I, 30, 'bicubic', 'loose');               % 用 loose 方式旋转图像
subplot(3,2,[1 2]); imshow(I); title('原图像');
subplot(3,2,3); imshow(J1); title('最近邻插值法缩小图像');
subplot(3,2,4); imshow(J2); title('双线性插值法放大图像');
subplot(3,2,5); imshow(J3); title('裁剪旋转图像');
subplot(3,2,6); imshow(J4); title('不裁剪旋转图像');
```

示例程序 6:利用变换公式实现图像的水平镜像变换。

```
clc; clear all; close all;
I= imread('lena.jpg');                                 % 读入一幅灰度图像
[m, n]=  size(I);                                      % 获取输入图像的大小
J= zeros(m, n);
for i= 1:m
    for j= 1:n
        J(i, j) =  I(i, n- j+ 1) ;                     % 水平镜像变换
    end
```

```
end
subplot(1,2,1); imshow(I); title('原图像');
subplot(1,2,2); imshow(uint8(J)); title('水平镜像');
```

示例程序7:利用变换函数实现图像的镜像变换。

```
clc;  clear all ;  close all;
A= imread('lena.jpg');                                        % 读入一幅灰度图像
[h, w]= size(A);                                              % 获取输入图像的大小
Tform1= maketform('affine', [- 1 0 0; 0 1 0; w 0 1]);         % 创建水平镜像变换矩阵
B= imtransform(A, Tform1,'nearest');                          % 水平镜像变换
Tform2= maketform('affine', [1 0 0; 0 - 1 0; 0 h 1]);         % 创建垂直镜像变换矩阵
C=  imtransform(A, Tform2,'nearest');                         % 垂直镜像变换
Tform3= maketform('affine', [- 1 0 0; 0 - 1 0; w h 1]);       % 创建对角镜像变换矩阵
D= imtransform(A, Tform3,'nearest');                          % 对角镜像变换
subplot(2, 2, 1); imshow(A); title('原图像');
subplot(2, 2, 2); imshow(B); title('水平镜像图像');
subplot(2, 2, 3); imshow(C); title('垂直镜像图像');
subplot(2, 2, 4); imshow(D); title('对角镜像图像');
```

示例程序8:图像的裁剪。

```
clc; clear all; close all;
I= imread('cameraman.tif');                                   % 读入一幅灰度图像
J= imcrop(I, [50 80 80 100]);                                 % 设置裁剪窗口
或 J= imcrop(I);                                              % 手动选择裁剪窗口
subplot(1, 2, 1); imshow(I); title('原图像');
subplot(1, 2, 1); imshow(J); title('裁剪后的图像')
```

2.3 实验指导

实验示例:利用图像的加法运算去除噪声

(1)实验内容

输入一幅灰度图像,并在图像中加入一定强度的高斯随机噪声,然后,利用多次相加求平均的方法降低所加入的噪声。

(2) 实验原理和方法

图像相加一般用于对同一场景的多幅图像求平均效果,以便有效地降低具有叠加性质的随机噪声。在Matlab中,要进行两幅图像的加法,可以调用imadd()函数实现。两幅图像的像素值相加时产生的结果可能超过图像数据类型所支持的最大值,特别是对于uint8类型的图像,常发生数据值溢出的情况,这时,imadd()函数将数据截取为数据类型所支持的最大值。为了避免出现数据值溢出的现象,在进行加法计算前一般应将图像转换为一种数据范围较宽的数据类型。

(3) 参考程序

```
clc; clear all; close all;
I= imread('eight.tif');                                       % 读入一幅灰度图像
I1= imnoise(I,'gaussian', 0, 0.03);                           % 添加高斯噪声
```

```
subplot(1,3,1); imshow(I); title('原图像');
subplot(1,3,2); imshow(I1); title('噪声图像');
[m, n]= size(I);                              % 获取输入图像的大小
K= zeros(m, n);
for  i= 1:100
   I1= imnoise(I,'gaussian', 0, 0.03);
   J=double(I1);
   K= imadd(K, J);                            % 通过累加带噪声图像,以去除噪声
end
K= K/100;
subplot(1,3,3); imshow(uint8(K)); title('去噪后的图像');
```

(4) 实验结果与分析

实验结果如图 1-2-1 所示。

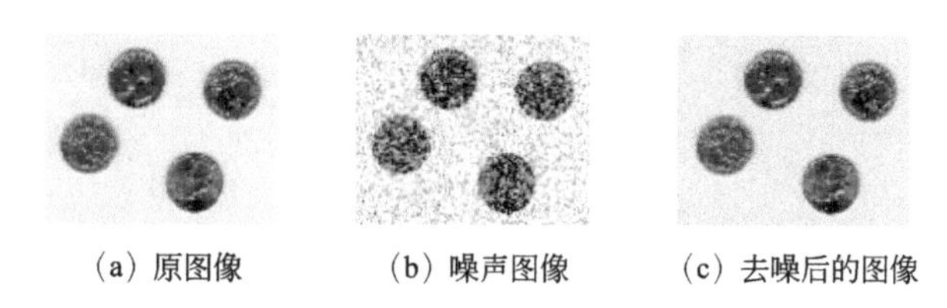

(a) 原图像　　(b) 噪声图像　　(c) 去噪后的图像

图 1-2-1　加法去噪图像示例

在实验过程中,首先给图像添加了均值为 0,方差为 0.03 的高斯噪声,运用循环语句将带有噪声的图像相加 100 次,再求其平均值。由于读出的图像数据一般是 unit8 类型,而在 Matlab 的矩阵运算中要求运算变量为 double 类型,因此必须把读出的图像数据先使用一个数据类型转换函数转换成 double 类型数据,然后再进行相加运算。相加求平均以消除图像的噪声。从实验所得结果图像上可以看出,这种若干幅图像相加求平均的方法能够较好地去除图像中带有的噪声。

2.4　实验项目

实验项目 2-1: 图像的基本运算

(1)实验目的

① 了解数字图像代数运算与几何运算的基本概念。

② 理解图像的减法和乘法运算的作用。

③ 掌握图像的平移变换与减法、乘法运算的实现方法。

(2)实验内容

将一幅灰度图像作平移变换(移出部分填充为零),并分别进行下面两种方式的操作:(1)将原始图像与平移后得到的图像进行减法运算;(2)将原始图像与(1)中得到的差图像再进行乘法运算。比较两种操作方式的输出效果。

实验项目2-2：图像的叠加、分离和裁剪

(1)实验目的

① 了解数字图像代数运算与几何运算的基本概念。

② 了解图像运算在数字图像处理中的初步应用。

③ 掌握图像的叠加、混合图像的分离和裁剪的实现方法。

(2)实验内容

选择两幅图像，一幅作为物体图像，另一幅作为背景图像，采用适当的图像运算方法，分别实现两幅图像叠加、混合图像的分离和裁剪图像的局部等操作。

第3章 图像变换 «‹

3.1 知识要点

1. 傅里叶变换

• 连续傅里叶变换：设函数 $f(x,y)$ 是连续可积的，且 $F(u,v)$ 可积，则二维傅立叶变换对为：

$$\boldsymbol{F}\{f(x,y)\}=F(u,v)=\int_{-\infty}^{\infty}\int_{-\infty}^{\infty}f(x,y)\mathrm{e}^{-\mathrm{j}2\pi(ux+vy)}\mathrm{d}x\mathrm{d}y \tag{1-3-1}$$

$$\boldsymbol{F}^{-1}\{F(u,v)\}=f(x,y)=\int_{-\infty}^{\infty}\int_{-\infty}^{\infty}F(u,v)\mathrm{e}^{+\mathrm{j}2\pi(ux+vy)}\mathrm{d}x\mathrm{d}y \tag{1-3-2}$$

式中，u,v 是频率变量。

• 离散傅里叶变换：对于 $M\times N$ 的图像，其离散图像函数的二维离散傅里叶变换(DFT)对为：

$$F(u,v)=\frac{1}{MN}\sum_{x=0}^{M-1}\sum_{y=0}^{N-1}f(x,y)\exp[-\mathrm{j}2\pi(ux/M+vy/N)] \tag{1-3-3}$$

式中，$u=0,1,\cdots,M-1$；$v=0,1,\cdots,N-1$。

$$f(x,y)=\sum_{u=0}^{M-1}\sum_{v=0}^{N-1}F(u,v)\exp[\mathrm{j}2\pi(ux/M+vy/N)] \tag{1-3-4}$$

式中，$x=0,1,\cdots M-1$；$y=0,1,\cdots,N-1$。

• 频率谱、相位谱和能量谱：

设 $F(u,v)=R(u,v)+\mathrm{j}I(u,v)$

频率谱 $|F(u,v)|=\sqrt{R^2(u,v)+I^2(u,v)}$

相位谱 $\varphi(u,v)=\arctan\dfrac{I(u,v)}{R(u,v)}$

能量谱 $E(u,v)=|F(u,v)|^2=R^2(u,v)+I^2(u,v)$

说明：一幅图像经傅里叶变换之后，在图像的傅里叶频谱图可以看到明暗不一的亮点，这是图像上某一点与其邻域点灰度值之差的大小，也是该点的频率值，图像的频率反映了图像中灰度变化的剧烈程度。如果频谱图中暗的点数较多，则图像总体上灰度变化比较缓和；反之，如果频谱图中亮的点数较多，则图像一定是细节较为丰富。

2. 傅里叶变换性质

(1)线性

傅里叶变换为线性算子:

$$F[af(x,y)+bg(x,y)] = aF[f(x,y)]+bF[g(x,y)] \tag{1-3-5}$$

(2)可分离性

一个二维傅里叶变换可以用两次一维傅里叶变换来实现,即:

$$F(u,v) = \frac{1}{M}\sum_{x=0}^{M-1}\exp(-\mathrm{j}2\pi ux/M)[\frac{1}{N}\sum_{y=0}^{N-1}f(x,y)\exp(-\mathrm{j}2\pi vy/N)], \tag{1-3-6}$$

式中,$u=0,1,\cdots,M-1$; $v=0,1,\cdots N-1$。

即先沿图像 $f(x,y)$ 的列方向求一维傅里叶变换得到 $F(x,v)$,再对 $F(x,v)$ 沿行方向求一维傅里叶变换得到 $F(u,v)$ 。

(3)平移性

- 频率域的平移:

$$f(x,y)\exp[\mathrm{j}2\pi(u_0x+v_0y)/N]\Leftrightarrow F(u-u_0,v-v_0) \tag{1-3-7}$$

- 空间域的平移:

$$f(x-x_0,y-y_0)\Leftrightarrow F(u,v)\exp[-\mathrm{j}2\pi(ux_0+vy_0)/N] \tag{1-3-8}$$

式(1-3-7)和式(1-3-8)表明,如果在空域中用指数项乘以 $f(x,y)$ 后,再进行傅里叶变换,则使频率域的原点移到 (u_0,v_0) 处。如果在频率域中用指数项乘以 $F(u,v)$,可使空间域的原点移到 (x_0,y_0) 处。当 $u_0=v_0=N/2$ 时,$\exp[\mathrm{j}2\pi(u_0x+v_0y)/N]=\mathrm{e}^{\mathrm{j}\pi(x+y)}=(-1)^{x+y}$,则有 $f(x,y)(-1)^{x+y}\Leftrightarrow F(u-N/2,v-N/2)$,即可以简单地用 $(-1)^{x+y}$ 乘以 $f(x,y)$,从而将频谱图的原点移到 $N\times N$ 频率方阵的中心 $(N/2,N/2)$,又称图像的中心化。频谱图像的中心化能够使得频域图像便于观察和处理。

(4)周期性

傅里叶变换和反变换均以 N 为周期,即

$$F(u,v)=F(u+N,v)=F(u,v+N)=F(u+N,v+N) \tag{1-3-9}$$

周期性表明,尽管 $F(u,v)$ 有无穷多个 u 和 v 的值重复出现,但只需根据在任一个周期里的 N 个值就可以从 $F(u,v)$ 得到 $f(x,y)$ 。

(5)旋转不变性

设极坐标变换 $x=r\cos\theta,y=r\sin\theta,u=w\cos\varphi,v=w\sin\varphi$, 则 $f(x,y)$ 和 $F(u,v)$ 变为 $f(r,\theta)$ 和 $F(w,\varphi)$ 。有:

$$f(r,\theta+\theta_0)\Leftrightarrow F(w,\varphi+\theta_0) \tag{1-3-10}$$

式(1-3-10)表明,如果 $f(x,y)$ 在空域旋转 θ_0 角度,则相应的傅里叶变换 $F(u,v)$ 在频域上也旋转同一角度 θ_0 。

(6)比例性

二维傅里叶变换的比例可表示为

$$af(x,y) \Leftrightarrow aF(u,v)$$

$$f(ax,by) \Leftrightarrow \frac{1}{|ab|}F\left(\frac{u}{a},\frac{v}{b}\right) \tag{1-3-11}$$

上式说明,空域比例尺度的展宽相应于频域比例尺度的压缩,其幅值也减少为原来的 $\frac{1}{|ab|}$。

(7)卷积定理

$$f(x,y) * g(x,y) \Leftrightarrow F(u,v)G(u,v), \qquad F(u,v) * G(u,v) \Leftrightarrow f(x,y)g(x,y) \tag{1-3-12}$$

卷积定理表明,在空域中的卷积 $f(x,y) * g(x,y)$ 可以用求乘积 $F(u,v)G(u,v)$ 的傅里叶逆变换得到。类似地,在频域中的卷积与空域中的两函数的乘积相对应。

3. 离散余弦变换

离散余弦变换的变换核为实数的余弦函数,因而 DCT 的计算速度要比变换核为复指数的 DFT 快得多。而且 DCT 有这样的性质:许多有关图像的重要可视信息都集中在 DCT 变换的一小部分系数中,因此已被广泛应用到图像压缩编码、语音信号处理等众多领域。

二维离散余弦变换(DCT)对为:

$$F(0,0) = \frac{1}{\sqrt{MN}}\sum_{x=0}^{M-1}\sum_{y=0}^{N-1}f(x,y)$$

$$F(u,v) = \frac{2}{\sqrt{MN}}\sum_{x=0}^{M-1}\sum_{y=0}^{N-1}f(x,y)\cos\left[\frac{(2x+1)u\pi}{2M}\right]\cos\left[\frac{(2y+1)v\pi}{2N}\right] \tag{1-3-13}$$

式中,$u = 1,2,\cdots,M-1; v = 1,2,\cdots,N-1$。

$$f(x,y) = a(u)a(v)\sum_{u=0}^{M-1}\sum_{v=0}^{N-1}F(u,v)\cos\left[\frac{(2x+1)u\pi}{2M}\right]\cos\left[\frac{(2y+1)v\pi}{2N}\right] \tag{1-3-14}$$

式中,$x = 0,1,\cdots,M-1; y = 0,1,\cdots,N-1$。

$$a(u)=\begin{cases}\sqrt{1/M} & 当\ u=0\\ \sqrt{2/M} & 当\ u=1,2,\cdots,M-1\end{cases}$$

4. 沃尔什-阿达马变换

离散傅里叶变换和离散余弦变换在快速算法中要用到复数乘法、三角函数乘法,而沃尔什-阿达马变换过程中只有加、减运算而没有乘法、除法运算,因而可以大大提高运算速度。阿达马变换本质上是一特殊排序的沃尔什变换,更多的时候是采用阿达马变换。

• 二维离散沃尔什(Walsh)变换对为:

$$w(u,v) = \frac{1}{N^2}\sum_{x=0}^{N-1}\sum_{y=0}^{N-1}f(x,y)\prod_{i=0}^{n-1}(-1)^{[b_i(x)b_{n-1-i}(u)+b_i(y)b_{n-1-i}(v)]}, u,v = 0,1,\cdots,N-1$$

$$f(x,y) = \sum_{u=0}^{N-1}\sum_{v=0}^{N-1}w(u,v)\prod_{i=0}^{n-1}(-1)^{[b_i(x)b_{n-1-i}(u)+b_i(y)b_{n-1-i}(v)]}, x,y = 0,1,\cdots,N-1$$

- 二维离散阿达马(Hadamard)变换对为：

$$H(u,v)=\frac{1}{N^2}\sum_{x=0}^{N-1}\sum_{y=0}^{N-1}f(x,y)\,(-1)^{\sum_{i=0}^{n-1}[b_i(x)b_i(u)+b_i(y)b_i(v)]},u,v=0,1,\cdots,N-1$$

$$f(x,y)=\sum_{u=0}^{N-1}\sum_{v=0}^{N-1}H(u,v)\,(-1)^{\sum_{i=0}^{n-1}[b_i(x)b_i(u)+b_i(y)b_i(v)]},x,y=0,1,\cdots,N-1$$

说明：图像的大小为 $N\times N$，并且 $N=2^n$，$b_k(z)$ 为 z 的二进制表示的第 k 位。

- 阿达马变换矩阵

$$\boldsymbol{H}_1=[1]\text{，}\boldsymbol{H}_2=\begin{bmatrix}1 & 1\\1 & -1\end{bmatrix}\text{，}\boldsymbol{H}_n=\begin{bmatrix}H_{n-1} & H_{n-1}\\H_{n-1} & -H_{n-1}\end{bmatrix}$$

图像 G 的二维阿达马变换(DHT)可以表示为：

$$\boldsymbol{W}=\frac{1}{N^2}\boldsymbol{H}\times\boldsymbol{G}\times\boldsymbol{H}$$

二维 DHT 逆变换可以表示为：

$$\boldsymbol{G}=\boldsymbol{H}\times\boldsymbol{W}\times\boldsymbol{H}$$

说明：在对图像矩阵进行二维 DHT 变换前，需要先将图像填充到 2 的整数次幂，否则无法进行变换。

5. Hough(霍夫)变换

Hough 变换是一种从直角坐标平面到极坐标平面的平面域变换，它可以用来检测图像中的直线。

利用 Hough 变换进行直线检测通常可以分为以下几个步骤：

(1) Hough 变换：将图像直角坐标变换极坐标，在新的坐标系中，每个点都对应原坐标系中的一条直线。

(2) 检测新坐标系中的峰值点：这些峰值点表示在原坐标系中对应的直线经过较多像素点。

(3) 直线连接：将一些中间有断开的直线段连接成完整的长直线。

3.2 相关函数及示例程序

1. 常用傅里叶变换函数

(1) fft2()函数

fft2()函数用于将空域图像转换为频域图像，其使用格式如下。

- I = fft2 (X)：X 为输入的二维图像，其数据类型为 double 类型；I 为返回的二维离散傅里叶变换矩阵，它表示变换后的频域图像，I 与 X 的大小相同。
- I = fft2 (X, m, n)：在变换之前，将图像 X 进行剪切或添加 0 使其变成大小为 $m\times n$ 的矩阵，得到的图像 I 大小为 $m\times n$。

说明：很多 Matlab 图像显示函数无法显示复数图像，为了观察图像傅里叶变换后的结果，应对变换后的结果求模，方法是对变换结果调用 abs( )函数。

(2)fftshift()函数

fftshift()函数用于将频域图像的低频部分移到频域中心区域，其使用格式如下。

J=fftshift (I)：I 为输入的频域图像矩阵，I 表示的频域图像的低频部分在四个角落，返回值 J 为输出的频域图像矩阵，其低频部分在中心。

说明：使用 fft2()函数输出的频谱图中，四个角上的谱表示图像中的低频成分，显示频谱图像时表现为 4 个角的亮度较高(低频处的幅值较高)，而中心区域谱是图像的高频成分；使用 fftshift()函数将频谱图像中的低频成分移到频域的中心，此时，中心区域谱表示图像中低频成分，而四个角上的谱是图像的高频成分，这样处理的目的是便于观察。

(3)ifftshift()函数

ifftshift()函数用于将频域图像的低频部分从中心区域移回到四个角落，其使用格式如下。

I=ifftshift (J)：J 为输入的频域图像矩阵，它表示频域图像的低频部分在中心；返回值 I 为输出的频域图像矩阵，其低频部分在四个角落。

(4)ifft2()函数

ifft2()函数用于将频域图像转换为空域图像，其使用格式如下。

- X=ifft2 (I)：I 为输入的二维频域图像矩阵，其数据类型为 double 类型；返回值 X 为二维矩阵，它表示离散傅里叶逆变换后的空域图像。图像 I 与图像 X 的大小相同。
- X=ifft2 (I, m, n)：参数 m、n 的意义与 fft2()函数中的相同。

2. 余弦变换函数

(1)dct2()函数

dct2()函数用于将空域图像转换为频域图像，其使用格式如下。

- B=dct2(A)：将空域图像 A 进行二维离散余弦变换得到频域上的频谱图像 B，频谱图 B 与原图像 A 的大小相同。
- B=dct2(A, m, n)或 B = dct2(A, [m, n])：参数 m、n 的意义与 fft2()函数中的相同。

(2)dctmtx()函数

除了用 dct2()函数实现二维离散余弦变换，还可用 dctmtx()函数计算变换矩阵，这种方法适合于较小的输入方阵(如 8×8 或 16×16)。其使用格式如下。

D=dctmtx(n) ：$\boldsymbol{D}$ 是返回 $n\times n$ 的 DCT 变换矩阵。

说明：如果矩阵 $\boldsymbol{A}$ 是 $n\times n$ 方阵，$\boldsymbol{D}*\boldsymbol{A}$ 为 $\boldsymbol{A}$ 矩阵每一列的 DCT 变换值，$\boldsymbol{D}*\boldsymbol{A}'$ 为 $\boldsymbol{A}$ 每一列的 DCT 变换值的转置。$\boldsymbol{A}$ 的 DCT 变换可用 $\boldsymbol{D}\times\boldsymbol{A}\times\boldsymbol{D}'$ 来计算。这在有时比 dct2()函数计算快，特别是对于 $\boldsymbol{A}$ 很大的情况。

(3)idct2()函数

idct2()函数用于将频域图像转换为空域图像，其使用格式如下。

- A=idct2(B)：将频域图像 B 进行二维离散余弦逆变换得到空域上的图像 A，图像 A 与图像 B 的大小相同。
- A=idct2(B, m, n)或 A=idct2(B, [m, n])：参数 m、n 的意义与 fft2()函数中的相同。

3. 图像分块处理函数

blkproc()函数用于对图像进行分块处理,其使用格式如下。

- B = blkproc(A, [m n], fun, parameter1, parameter2, …):A 为输入图像;[m n]为每个块的大小;fun 为对每个 $m\times n$ 分块进行处理的函数,如'fft2'、'dct2'等;参数 parameter1、parameter2 为要传给 fun()函数的参数;B 为输出图像。
- B = blkproc(A,[m n],[mborder nborder],fun,…):mborder、nborder 对每个 $m\times n$ 块上下进行 mborder 个单位的扩充,左右进行 nborder 个单位的扩充,扩充的像素值为 0,fun()函数对整个扩充后的分块进行处理。

4. 图像块排列函数

(1)im2col()函数

im2col()函数用于将图像块排列成向量,其使用格式如下。

B = im2col(A, [m n], block_type):将输入图像 A 的每一个 $m\times n$ 的块排列成向量,然后重新组合为 B。参数 block_type 表示排列的方式,有两个取值:

- 'distinct':图像块不重叠。
- 'sliding' :图像块滑动。

其默认值为'sliding'。

(2)col2im()函数

col2im()函数用于将向量重新排列为图像块,其使用格式如下。

A = col2im(B, [m n], [M N], block_type):将 B 的每一列重新排列成 $m\times n$ 的图像块之后组合为 $M\times N$ 的新的图像 A,block_type 参数的含义和默认值与 im2col()函数相同。

5. 阿达马变换函数

H=hadamard(n):返回一个 $n\times n$ 的 hadamard 矩阵,n 必须为 2 的整数次幂。

6. 霍夫变换函数

(1)hough()函数

hough()函数用于检测图像中的直线,其使用格式如下。

- [H, theta, rho] = hough(BW):BW 为输入的二值图像,H 为 Hough 变换矩阵,theta 为极坐标下的变换角度,rho 为变换半径。
- [H, theta, rho] = hough(BW, param1, val1, param2, val2):参数 BW、H、theta、rho 的含义同上;Param1 参数'ThetaResolution'为[0 90]之间的实值标量,Hough 变换的 theta 轴间隔,默认值为 1,Param2 参数'RhoResolution'为 0 到图像像素个数之间的实值标量,rho 的间隔,默认值为 1。

(2)houghpeaks()函数

houghpeaks()函数用于检测 Hough 变换矩阵的峰值,其使用格式如下。

peaks=houghpeaks(H, numpeaks, param1, val1, param2, val2)：H 为由 Hough()函数得到的 ***H*** 矩阵，它表示极坐标平面上的图像；numpeaks 表示需要检测的峰值的最大数；param1 为 'Threshold' 参数，它表示峰值的阈值，其默认值为 0.5 * max(H(:))；param2 为 'NHoodSize' 参数，形式为[$m \quad n$]，其中，m 和 n 为奇数，'NHoodSize' 的默认值为最小奇数，它表示检测到峰值后让峰值周围 $m \times n$ 的所有点的值都为 0。函数返回的 peaks 为一个 $p \times 2$ 的矩阵，p 的数据范围为 0～numpeaks，矩阵 $p \times 2$ 包含峰值点在矩阵 ***H*** 中的行列坐标。

(3)houghlines()函数

houghlines()函数用于连接检测出的线段，其使用格式如下。

lines=houghlines(BW, theta, rho, peaks, param1, val1, param2, val2)：BW 为输入的二值图像；theta、rho、peaks 的含义同上；param1 为 'FillGap' 参数，它表示 Hough 变换相关两个直线段之间的距离，当直线间的距离小于指定值时，houghlines()函数将这两个直线段合并为一个，其默认值为 20；param2 为 'MinLength' 参数，它表示直线的长度至少需要多少个像素，长度小于该值的直线都被去除，其默认值为 40。返回值 lines 为一个结构体向量，其向量长度为函数得到的直线段的数目，每个结构体都有四个域，分别为 point1(直线段起点直角坐标系坐标)、point2(直线段终点直角坐标系坐标)、theta(极角)、rho(极半径)。

7. 最大(小)值函数

(1)max()函数

max()函数用于求向量和矩阵中元素的最大值，其使用格式如下。

ma=max(X)：当参数 X 为向量时，返回 X 中元素的最大值；当参数 X 为矩阵时，返回 X 中各列元素的最大值构成的向量。

(2)min()函数

min()函数用于求向量和矩阵中元素的最小值，其使用格式如下。

mi=min(X)：当参数 X 为向量时，返回 X 中元素的最小值；当参数 X 为矩阵时，返回 X 中各列元素的最小值构成的向量。

示例程序 1：构造一幅黑白图像，在 256×256 的黑色背景中心产生一个 30×30 的白色方块，再对该图像进行二维离散傅里叶变换(DFT)。

```
clc; clear all; close all ;
f =  zeros(256, 256);                 % 产生一个全零的 256×256 矩阵
f(100:130, 120:150) =  1;             % 在 I 中产生一个白色方块
subplot(1,3,1); imshow(f); title('原始图像');
f =  im2double(f);                    % fft 要求输入的矩阵是 double 类型,进行数据类型转换
F =  fft2(f);                         % 对图像进行二维离散傅里叶变换
subplot(1,3,2); imshow(log(1+ abs(F)),[ ]); title('傅里叶变换频谱图');
                                      % 用对数变换压缩图像的动态灰度范围
FC =  fftshift(F);                    % 频谱中心平移
subplot(1,3,3); imshow(log(1+ abs(FC)),[ ]); title('频谱图中心化');
```

说明：在显示频域图像时，由于频谱图的低频部分能量远大于高频部分能量，导致频域图像的动态范围非常大，直接显示频谱图会使高频部分的信息无法清晰显示，因此，一般要使用对数

函数来显示频域图像。

示例程序 2:构造一幅黑白图像,对其进行旋转,分别求原图像和旋转后图像的傅里叶变换频谱。

```
clc; clear all; close all;
f= zeros(1000,1000);
f(350:649,475:524)= 1;                    % 产生一幅二值图像,中间为 50×300 白色区域
f= im2double(f);                          % 转换为双精度类型
subplot(2, 2,1); imshow(f); title('原图像');
F= abs(fftshift(fft2(f)));
subplot(2, 2,2); imshow(log(1+ F),[ ]); title('傅里叶变换频谱');
f1= imrotate(f,45,'bilinear','crop');  % 图像旋转 45°
subplot(2, 2,3); imshow(f1); title('图像正向旋转 45°');
F1=  abs(fftshift(fft2(f1)));
subplot(2, 2,4); imshow(log(1+ F1),[ ]); title('图像旋转 45°的傅里叶变换频谱');
```

示例程序 3:图像的二维离散余弦变换(DCT)变换。

```
clc; clear all; close all ;
I= imread(' autumn.tif');           % 读入彩色图像
I= rgb2gray(I);                     % 转换为灰度图像
J= dct2(I);                         % 离散余弦变换
colormap(jet);                      % 设置颜色索引图
colorbar;                           % 显示颜色索引条
J(abs(J)< 15)= 0;                   % 置矩阵 J 中值小的系数为 0
K= idct2(J);                        % 离散余弦逆变换
subplot(1,3,1),  imshow(I);  title('原始图像');
subplot(1,3,2),  imshow(log(1+ abs(J)),[ ]);  title('DCT 频谱图');
subplot(1,3,3),  imshow(K,[0 255]);  title('DCT 变换图像');
```

示例程序 4:利用 DFT 变换实现图像压缩。

```
clc;  clear all;  close all;
I= imread('cameraman.tif')
I= im2double(I);
[m, n]= size(I);
fun1= @ fft2;                       % 获得 fft 变换函数的句柄
Imfft= blkproc(I,[8 8],fun1);       % 图像块进行 fft 变换
Imtemp= zeros(m, n);                % 设置临时变量用于保存处理后的图像值
for i= 1:8:m
  for j= 1:8:n
     Imtemp(i:i+ 3, j:j+ 3)= Imfft(i:i+ 3, j:j+ 3);  %  舍去小的变换系数
   end
end
fun2= @ ifft2;
Imifft= blkproc(Imtemp,[8,8],fun2);   % 分块进行逆变换
subplot(1,2,1);imshow(I); title('原始图像');
subplot(1,2,2);imshow(Imifft);  title('压缩图像');
```

说明:首先将原始图像分割为许多 8×8 的方块,对每个方块进行 DFT 变换,对每个方块中的 64 个系数,按照每个系数的方差排序后,舍去小的变换系数,只保留 16 个系数,实现 4∶1 的图像压缩。

示例程序5:图像的二维阿达马变换(DHT)变换。

```
clc; clear all; close all;
I= imread('cameraman.tif');
I= imresize(I,[256 256]);                % 图像的大小重新定义为2的整数次幂
N= size(I,1);
H= hadamard(N);                          % 构造阿达马矩阵
I= double(I);
J= H* I* H/N/N;                          % HDT 变换
k= H* J* H;                              % HDT 逆变换
subplot(131); imshow(I,[ ]);  title('原始图像');
subplot(132); imshow(J); title('HDT 变换图像');
subplot(133); imshow(k,[ ]); title('HDT 逆变换图像');
```

示例程序6:用hough函数检测图像中的直线。

```
clc; clear all; close all;
RGB= imread('gantrycrane.png');
I= rgb2gray(RGB);                        % 彩色图像转换成灰度图像
BW= edge(I,'canny');                     % 提取边缘
[H, T, R]= hough(BW,'ThetaResolution', 0.5, 'RhoResolution', 0.5);
subplot(221); imshow(RGB);  title('原始图像');
subplot(222); imshow(imadjust(mat2gray(H)), 'Xdata', T, 'Ydata', R, 'InitialMag-
nification', 'fit');  title('Hough 变换')%;显示 Hough 矩阵
xlabel('\theta');  ylabel('\rho');
axis on;  axis normal;  hold on;
colormap(hot);
P= houghpeaks(H, 5,'threshold', ceil(0.3* max(H(:))));
Lines= houghlines(BW,T,R,P, 'FillGap', 5, 'MinLength', 7);
figure;  imshow(BW);  hold on;
for k= 1:length(lines)
    xy= [lines(k).point1; lines(k).point2];
    plot(xy(:, 1), xy(:, 2),'LineWidth', 2, 'Color', 'black');  % 画线
end
```

3.3 实验指导

实验示例3-1:傅里叶变换在图像滤波中的应用

(1)实验内容

读入一幅灰度图像后,对灰度图像进行傅里叶变换,并滤除频谱图中的低频信息而保留高频信息;最后,将处理后的频谱图进行傅里叶逆变换。观察变换结果,并说明理由。

(2)实验原理和方法

经过傅里叶变换之后,可以获得图像信号的频域分布情况。图像灰度变化缓慢的部分,对应变换后的低频分量部分,它反映了图像概貌的特性;而图像的边缘、线条等细节部分与图像频谱中的高频分量相对应。因此,可以通过抑制低频分量保持高频分量的方法(即高通滤波)将图像

中景物的细节信息提取出来。

(3)参考程序

```
clc; clear all; close all ;
I= imread('lena.jpg');                        % 读入图像
subplot(1,3,1); imshow(I);  title('原图像');
I =  im2double(I);                            % 输入图像转换为双精度类型
[m, n]= size(I);
m= floor(m/2); n= floor(n/2);                 % 计算频谱图的中心点
F= fft2(I);                                   % 离散傅里叶变换
FC= fftshift(F);                              % 频谱图像中心化
FC(m- 30:m+ 30, n- 30:n+ 30)= 0;              % 滤除频谱图中的低频信息
subplot(1,3,2); imshow(log(1+ abs(FC)),[ ]); title('处理后的频谱图像');
IFC= ifftshift(FC);                           % 频谱图像的中心还原
IFF= ifft2(IFC);                              % 离散傅里叶逆变换
subplot(1,3,3); imshow(log(1+ abs(IFF)),[ ]); title('DFT逆变换图像');
```

(4)实验结果与分析

实验结果如图 1-3-1 所示。

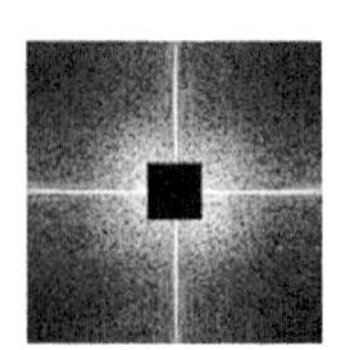

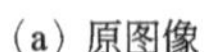

(a) 原图像　(b) 处理后的频谱图像　(c) DFT逆变换图像

图 1-3-1　傅里叶变换图像

从图 1-3-1 所示的傅里叶频谱图可以看出,当将频谱原点移到频域中心以后,图像的频率分布是以中心点为圆心,对称分布的。在频域中心附近代表的是频谱的低频分量,在频域的四周角落上代表的是频谱的高频分量,用高通滤波方法对傅里叶频谱图进行滤波后,位于中心附近的低频信号被抑制,而其余的高频信息全部保留下来。将经过这样处理后的频谱图进行傅里叶逆变换,就可以突出图像中的人物及背景的轮廓边界和纹理细节。

实验示例 3-2:利用阿达马变换实现图像的压缩处理

(1)实验内容

输入一幅 256×256 的图像,将其分割为 1 024 个 8×8 的子图像块后,对每个图像块进行阿达马变换,再按照每个系数的方差进行排序,保留方差较大的系数,舍去方差较小的系数。保留原系数的二分之一,即 32 个系数,进行 2∶1 的压缩。

(2)实验原理和方法

阿达马变换矩阵只包含+1 和-1 两个元素,各行或各列之间是彼此正交的,阿达马变换是实时的、对称的正交变换。它的变换核矩阵具有简单的递推关系,即高阶矩阵可以用两个低阶矩阵计算,并且该变换只有加、减运算,没有任何乘、除运算,与傅里叶变换相比,运算速度快。这些

优点使得阿达马变换在进行大量数据的实时处理时，显示出它的优越性，在数字图像处理中的主要应用是图像的压缩编码。

(3)参考程序

```
clc; clear all; close all ;
cr= 0.5;                                              % 设置压缩比
I= imread('cameraman.tif');
subplot(1, 2 ,1);imshow(I); title('原图像');
I= double(I)/255;                                     % 归一化图像
[Im, In]= size(I);                                    % 求出图像大小
si= 8;                                                % 图像分块大小
sn= 64;                                               % 保留系数的个数
T= hadamard(si);                                      % 分块和进行阿达马变换
H= blkproc(I, [si si], 'P1* x* P2', T, T');
coe= im2col(H, [si si], 'distinct');                  % 重新排列系数
coe_temp= coe;
[Y Ind]= sort(coe);                                   % 排序
[m, n]= size(coe);                                    % 根据压缩比确定要变 0 的系数个数
sn=  sn- sn* cr;                                      % 舍去具有较小方差的系数
for i= 1:n
    coe_temp(Ind(1:sn), i) = 0;
end
re_H= col2im(coe_temp,[si si], [Im In],'distinct'); % 重建图像
re_I= blkproc(re_H, [si si],'P1* x* P2', T', T);      % DCT 逆变换
re_I= double(re_I)/64;                                % 归一化图像
subplot(1,2,2);  imshow(re_I);  title('重建后图像');
```

(4)实验结果与分析

实验结果如图 1-3-2 所示。

(a) 原图像

(b) 重建后图像

图 1-3-2 图像压缩示例

在实验过程中，将图像分割为 8×8 的子图像块后，每个子图像块经过阿达马变换产生很多系数。按照每个系数的方差大小进行排序，保留方差较小的系数，图像的压缩比为 2∶1。从实验结果可以看出，重建后的图像只有边缘部分稍显模糊之外，图像中物体的特征基本上是明显可见的。

3.4 实验项目

实验项目3-1:编写程序验证傅里叶变换的比例性

(1)实验目的

① 熟悉傅里叶变换的基本性质。

② 熟练掌握DFT变换方法及其应用。

③ 掌握利用Matlab编程实现数字图像的傅立叶变换。

(2)实验内容

构造一幅黑白图像,在中间区域产生一个白色方块,对其进行比例变换(分别进行放大和缩小),观察原图像的傅里叶变换频谱图和变换后图像的傅里叶变换频谱图有什么变化,并加以比较分析。

实验项目3-2:离散余弦变换的应用——图像压缩

(1)实验目的

① 了解图像离散余弦变换和逆变换的原理。

② 理解离散余弦变换系数的特点。

③ 理解离散余弦变换在图像数据压缩中的应用。

(2)实验内容

利用DCT变换实现图像的压缩处理,通过设置不同的压缩比例,观察变换前、后图像的变化情况,并比较在不同压缩率下的压缩效果。

第4章 图像增强

4.1 知识要点

1. 空域图像增强

1)直方图变换方法

(1)灰度直方图

灰度直方图是灰度级分布的函数,它表示数字图像中具有某种灰度级的像素的个数,反映图像中每种灰度出现的概率。

设图像中像素的总数为 n,灰度级总数为 l,灰度级分布在[0,1]区间内的任意一个灰度值 r_k 的像素有 n_k 个,则图像的归一化的直方图函数为

$$P_r(r_k)=\frac{n_k}{n}\quad 0\leqslant r_k\leqslant 1\quad k=0,1,2,\cdots,l-1$$

(2)直方图均衡化

直方图均衡化是一种把给定图像的直方图分布改成均匀分布的形式,使输出图像的像素灰度值的动态范围得到扩展,从而增强图像的整体对比度。

对数字图像进行直方图均衡化的离散形式为

$$s_k=T(r_k)=\sum_{i=0}^{k}P_r(r_i)=\sum_{i=0}^{k}\frac{n_i}{n}$$

式中:s_k 是直方图均衡化后所得图像的像素点的灰度值。

直方图均衡化的计算步骤:

- 统计原始图像的直方图 $P_r(r_k)=\frac{n_k}{n}$;
- 计算直方图累积分布曲线 $s_k=T(r_k)$;
- 对 s_k 进行舍入处理;
- 确定映射关系 $r_k\rightarrow s_k$;
- 计算对应每个 s_k 的像素数目。

(3)直方图规定化

直方图规定化是对原图像的直方图进行修改使之变成规定形状的直方图,从而有选择地增强某个灰度值范围的对比度。直方图均衡化是直方图规定化的一个特例。

直方图规定化的计算步骤：

- 对原始图像的直方图进行均衡化。

$$s_k = T(r_k) = \sum_{i=0}^{k} P_r(r_i), k = 0,1,2,\cdots,l-1$$

- 同样对规定直方图进行均衡化。

$$v_t = T(u_t) = \sum_{j=0}^{t} P_t(r_j), t = 0,1,2,\cdots,l-1$$

- 将原始直方图对应映射到规定直方图。

2)图像灰度变换

图像的灰度变换是通过线性拉伸将图像中某一区域的灰度范围扩展到一个更大范围，使得图像这部分区域的对比度得到提高，从而实现增强处理的技术，常用的灰度变换函数主要有以下三种：

- 线性函数。
- 分段线性函数。
- 非线性函数：对数函数和幂函数。

(1)线性变换

比例线性变换是将原图像的灰度值范围进行线性扩展到指定范围，可以有效地改善图像的视觉效果。

令 r 为变换前的灰度，s 为变换后的灰度，则线性变换的函数：

$$s = a \cdot r + b$$

式中：a 为线性函数的斜率，b 为线性函数在 y 轴的截距。

- 当 $a > 1$ 时，输出图像的对比度增大；
- 当 $a < 1$ 时，输出图像的对比度减小；
- 当 $a = 1$ 且 $b \neq 0$ 时，图像整体的灰度值上移或者下移，使得图像整体变亮或者变暗，但不会改变图像的对比度；
- 当 $a < 0$ 且 $b > 0$ 时，图像的亮区域变暗，暗区域变亮；
- 当 $a = 1$ 且 $b = 0$ 时，输出图像和输入图像相同；
- 当 $a = -1$ 且 $b = 255$ 时，输出图像反转。

(2)分段线性变换

分段线性变换是将图像的灰度区间分成两段或多段分别作线性变换，其作用是突出图像中感兴趣的目标或灰度区间(即拉伸目标物体的灰度细节)，相对抑制不感兴趣的灰度区间。图 1-4-1是分为三段的分段线性变换示意图。

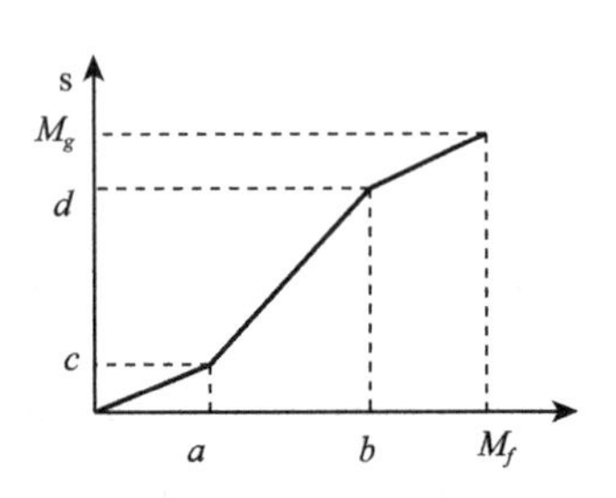

图 1-4-1　分段线性变换

分段线性变换函数的表达式为

$$s = \begin{cases} \dfrac{c}{a} r & 0 \leqslant r < a \\ \dfrac{d-c}{b-a}(r-a)+c & a \leqslant r \leqslant b \\ \dfrac{M_g-d}{M_f-b}(r-b)+d & b < r < M_f \end{cases}$$

(3)对数变换

对数变换是将源图像中范围较窄的低灰度值映射到范围较宽的灰度区间,同时将范围较宽的高灰度值区间映射为较窄的灰度区间,从而扩展了暗像素的值,压缩了高灰度的值,能够对图像中低灰度细节进行增强。

对数变换的通用公式为

$$s = C \cdot \log(1 + |r|)$$

式中:C是尺度比例常数,用于调节图像的灰度动态范围。

(4)幂律变换(伽马变换)

伽马变换主要用于图像的校正,对灰度值过高(图像过亮)或者过低(图像过暗)的图像进行修正,增加图像的对比度。

伽马变换的公式为

$$s = C \cdot r^{\gamma}$$

式中:C和γ为正常数。

- 当$\gamma > 1$时,会将低于某个灰度值k的灰度区域压缩到较小的灰度区间,而将高于k的灰度区域扩展到较大灰度区间。这样变换的结果就是,低于k的灰度区域被压缩到更低灰度区间,而较亮的高灰度区域的灰度值被扩展到较大的灰度区间变的不那么亮,整体的效果就是图像的对比度增加了,但是由于亮度区域被扩展,也就不那么亮了。
- 当$\gamma < 1$时,会将灰度值较小的低灰度区域扩展到较宽的灰度区间,而将较宽的高灰度区域压缩到较小的灰度区间。这样变换的效果就是,低灰度区域扩展开来,变亮;而宽的高灰度区域,被压缩的较窄的区间,也变亮了,故变换后的整体效果是变亮了。

3)图像平滑处理

(1)几种常见噪声

图像噪声是指存在于图像数据中的不必要的或多余的干扰信息,噪声在图像上常表现为引起较强视觉效果的孤立像素点或像素块。现实中的数字图像在数字化和传输过程中常受到成像设备与外部环境噪声干扰等影响,常见的有椒盐噪声、高斯噪声和泊松噪声。

- 椒盐噪声(salt&pepper)是指图像中出现的黑白相间的亮暗点噪声。椒盐噪声又称脉冲噪声,它随机改变一些像素值。
- 高斯噪声(gaussian)是指它的概率密度函数服从高斯分布(即正态分布)的一类噪声。它是一种源于电子电路噪声和由低照明度或高温带来的传感器噪声。
- 泊松噪声(poisson)是指符合泊松分布的噪声模型,泊松分布适合于描述单位时间内随机事件发生的次数的概率分布。

(2)图像平滑处理方法

图像平滑处理从信号处理的角度看就是去除其中的高频信息,保留低频信息。对图像实施低通滤波可以减少图像中的噪声,将图像模糊处理。

图像平滑处理实现的主要步骤:

a. 将模板在图中漫游,并将模板中心与图中某个像素位置重合;

b. 将模板上的各个系数与模板下各对应像素点的灰度值相乘;

c. 将所有乘积相加；

d. 将上述模板的输出赋给图中对应模板中心位置的像素。

图像平滑处理方法可分为线性滤波和非线性滤波两类。

① 线性平滑滤波。线性平滑滤波分为邻域平均法、加权平均法、阈值邻域平均法。

• 邻域平均法。邻域平均的基本思想是将图像中一个像素和它周围邻近8个像素的灰度值求平均值，然后用此平均值代替该像素的灰度值。

常用的平滑模板（又称均值滤波器）为

$$\boldsymbol{H}_1 = \frac{1}{9}\begin{bmatrix}1 & 1 & 1\\1 & 1 & 1\\1 & 1 & 1\end{bmatrix}$$

说明：为了保持平滑处理后图像的灰度值在许可范围内，模板内全部系数之和为1。在进行图像处理时，应选择合适大小的模板，模板取的越大，噪声减少越显著，但同时会使得图像变得越模糊。

• 加权平均法。为了既能有效地滤除图像中的噪声，又能减少图像的模糊现象，而保持边缘和细节，根据图像中不同位置上像素点的重要程度有所区别，可以规定滤波模板中各个系数所占的权重，即加权平均。

常用的几种加权平均模板（又称加权均值滤波器）为

$$\boldsymbol{H}_2 = \frac{1}{10}\begin{bmatrix}1 & 1 & 1\\1 & 2 & 1\\1 & 1 & 1\end{bmatrix} \quad \boldsymbol{H}_3 = \frac{1}{16}\begin{bmatrix}1 & 2 & 1\\2 & 4 & 2\\1 & 2 & 1\end{bmatrix} \quad \boldsymbol{H}_4 = \frac{1}{5}\begin{bmatrix}0 & 1 & 0\\1 & 1 & 1\\0 & 1 & 0\end{bmatrix} \quad \boldsymbol{H}_5 = \frac{1}{8}\begin{bmatrix}1 & 1 & 1\\1 & 0 & 1\\1 & 1 & 1\end{bmatrix}$$

• 阈值邻域平均法。如果图像中某个像素的灰度值与其邻域内像素灰度的平均值之差大于给定的阈值，那么就用此平均值取代这个像素的灰度值，否则，保持这个像素的灰度值不变。这种方法对抑制椒盐噪声较为有效，也能够保留仅有微小灰度差的图像细节，可以较好地减少图像模糊的程度。其表达式为

$$g(x,y) = \begin{cases}\overline{f}(x,y) & |f(x,y) - \overline{f}(x,y)| > T\\ f(x,y) & |f(x,y) - \overline{f}(x,y)| \leqslant T\end{cases}$$

② 非线性平滑滤波

• 中值滤波。中值滤波的基本思想是先确定一个含奇数个元素的模板，模板内各像素按照灰度大小排序后，取模板中排在中间位置上的像素的灰度值替代待处理像素的值，从而消除孤立的噪声点。模板通常为3×3、5×5的区域，也可以是不同的形状，如线状、圆形、十字形、圆环形等。

中值滤波实现的主要步骤：

a. 将模板中心与图像中的某像素的位置重合；

b. 读取模板下各对应像素的灰度值；

c. 将这些灰度值从小到大排序；

d. 找出灰度值序列中排在中间的一个灰度值；

e. 将这个中间值作为模板中心位置的像素的灰度值。

• 最大（最小）值滤波。最大（最小）值滤波与中值滤波类似，首先要对模板内各像素的灰度

值按照大小进行排序，然后将中心像素值与最大(最小)像素值相比较，用最大(最小)像素值替代中心像素的灰度值。

4)图像锐化处理

图像锐化的目的是突出图像的边缘信息，加强图像的轮廓特征，使模糊的图像变得更加清晰，它是与图像平滑正好相反的一种处理方法。常用的图像锐化处理方法有梯度法、拉普拉斯算子法和定向滤波等。

(1)梯度法

梯度对应的是一阶导数，梯度是一个矢量，具有大小和方向。对于数字图像处理来说，常用的是梯度的大小，习惯上把梯度的大小称为“梯度”，并且采用一阶差分近似表示一阶偏导数。常用的算子模板为：

① Roberts 算子(两个对角方向的算子)：

$$\boldsymbol{G}_x = \begin{bmatrix} 1 & 0 \\ 0 & -1 \end{bmatrix} \qquad \boldsymbol{G}_y = \begin{bmatrix} 0 & 1 \\ -1 & 0 \end{bmatrix}$$

② Sobel 算子(四个方向算子：水平、垂直、45°、135°)：

$$\boldsymbol{S}_x = \begin{bmatrix} 1 & 2 & 1 \\ 0 & 0 & 0 \\ -1 & -2 & -1 \end{bmatrix} \quad \boldsymbol{S}_y = \begin{bmatrix} 1 & 0 & -1 \\ 2 & 0 & -2 \\ 1 & 0 & -1 \end{bmatrix} \quad \boldsymbol{S}_{45} = \begin{bmatrix} 0 & -1 & -2 \\ 1 & 0 & -1 \\ 2 & 1 & 0 \end{bmatrix} \quad \boldsymbol{S}_{135} = \begin{bmatrix} 2 & 1 & 0 \\ 1 & 0 & -1 \\ 0 & -1 & -2 \end{bmatrix}$$

③ Prewitt 算子：

$$\boldsymbol{S}_x = \begin{bmatrix} 1 & 0 & -1 \\ 1 & 0 & -1 \\ 1 & 0 & -1 \end{bmatrix} \qquad \boldsymbol{S}_y = \begin{bmatrix} -1 & -1 & -1 \\ 0 & 0 & 0 \\ 1 & 1 & 1 \end{bmatrix}$$

④ Log(Laplacian of Gaussian)算子：

Log 算子是高斯平滑滤波和拉普拉斯锐化滤波的双结合，首先对图像用高斯平滑滤波器进行平滑滤波降噪处理，然后采用拉普拉斯锐化滤波器进行边缘检测，这样可以提高处理效果。通常的 Log 算子是一个如下所示的 5×5 的模板：

$$\boldsymbol{H} = \begin{bmatrix} -2 & -4 & -4 & -4 & -2 \\ -4 & 0 & 8 & 0 & -4 \\ -4 & 8 & 24 & 8 & -4 \\ -4 & 0 & 8 & 0 & -4 \\ -2 & -4 & -4 & -4 & -2 \end{bmatrix}$$

(2)拉普拉斯算子法

拉普拉斯(Laplacian)算子比较适合于改善因为光线的漫反射引起的图像模糊。Laplacian 算子模板为：

$$\boldsymbol{H}_6 = \begin{bmatrix} 0 & -1 & 0 \\ -1 & 4 & -1 \\ 0 & -1 & 0 \end{bmatrix} \qquad \boldsymbol{H}_7 = \begin{bmatrix} -1 & -1 & -1 \\ -1 & 8 & -1 \\ -1 & -1 & -1 \end{bmatrix}$$

(3)定向滤波

定向滤波是一种定向锐化模板，它是一种对特定方向的物体形迹的增强处理方法。有水平方向、对角方向和垂直方向三种模板算子。

$$\boldsymbol{H}_8 = \begin{bmatrix} -1 & -1 & -1 \\ 2 & 2 & 2 \\ -1 & -1 & -1 \end{bmatrix} \qquad \boldsymbol{H}_9 = \begin{bmatrix} -1 & -1 & 2 \\ -1 & 2 & -1 \\ 2 & -1 & -1 \end{bmatrix} \qquad \boldsymbol{H}_{10} = \begin{bmatrix} -1 & 2 & -1 \\ -1 & 2 & -1 \\ -1 & 2 & -1 \end{bmatrix}$$

2. 频域图像增强

频域图像增强的主要步骤：

a. 对原始图像 $f(x,y)$ 进行傅里叶变换得到频谱图 $F(u,v)$；

b. 设计一种滤波函数 $H(u,v)$，并将 $F(u,v)$ 与 $H(u,v)$ 相乘得到 $G(u,v)$；

c. 对 $G(u,v)$ 进行傅里叶逆变换，即可得到增强后的图像 $g(x,y)$。

针对不同频率分量的增强，频域滤波可分为低通滤波、高通滤波、带通带阻滤波和同态滤波等。

1)低通滤波

(1)理想低通滤波器

理想低通滤波器的传递函数为

$$H(u,v) = \begin{cases} 1 & D(u,v) \leqslant D_0 \\ 0 & D(u,v) > D_0 \end{cases}$$

式中，D_0 为截止频率，是一个非负整数，$D(u,v)$ 是点 (u,v) 到频域原点的距离，即 $D(u,v) = \sqrt{u^2+v^2}$。理想低通滤波器的作用是使小于或等于 D_0 的频率可以完全通过，而大于 D_0 的频率则被完全截止不能通过，这种滤波器在处理过程中会带来比较严重的模糊和振铃现象，并且 D_0 越小这种现象越严重。

(2)巴特沃斯低通滤波器

一个 n 阶巴特沃斯低通滤波器的传递函数为

$$H(u,v) = \frac{1}{1+[D(u,v)/D_0]^{2n}}$$

一般情况下，把 $H(u,v)$ 下降到最大值的 1/2 时的 $D(u,v)$ 定为截止频率 D_0，另一种是把 $H(u,v)$ 下降到最大值的 $1/\sqrt{2}$ 倍时的 $D(u,v)$ 作为截止频率 D_0，此时的传递函数为

$$H(u,v) = \frac{1}{1+[(\sqrt{2}-1)D(u,v)/D_0]^{2n}}$$

巴特沃斯低通滤波器的特点是在通过频率和截止频率之间没有明显的不连续性，图像的高频部分没有被完全滤除，处理过的图像没有明显的振铃现象，边缘模糊程度会大大降低，其效果好于理想低通滤波器。巴特沃斯低通滤波器的阶数 n 越高，越接近于理想低通滤波器。

(3)指数低通滤波器

指数低通滤波器的传递函数为

$$H(u,v) = \mathrm{e}^{-[D(u,v)/D_0]^n}$$

式中的截止频率 D_0，通常取为 $H(u,v)$ 下降到最大值的 1/2 时的 $D(u,v)$。

与巴特沃斯低通滤波器一样，指数低通滤波器从通过频率到截止频率之间也没有明显的不

连续性，处理过的图像也没有振铃现象。由于指数低通滤波器有更快的衰减率，因此，相比巴特沃斯低通滤波器处理的图像会稍模糊一些。

(4)梯形低通滤波器

梯形低通滤波器的传递函数为

$$H(u,v)=\begin{cases}1 & D(u,v)<D_0\\ \dfrac{D(u,v)-D_1}{D_0-D_1} & D_0\leqslant D(u,v)\leqslant D_1\\ 0 & D(u,v)>D_1\end{cases}$$

由于梯形低通滤波器的传递函数特性介于理想低通滤波器和具有平滑过度带滤波器之间，所以其处理效果也介于其两者中间，梯形低通滤波器的处理结果有一定的振铃现象。

2)高通滤波

(1)理想高通滤波器

理想高通滤波器的传递函数为

$$H(u,v)=\begin{cases}0 & D(u,v)\leqslant D_0\\ 1 & D(u,v)>D_0\end{cases}$$

理想高通滤波器的作用与理想低通滤波器相反，它使小于或等于 D_0 的频率被完全截止不能通过，而大于 D_0 的频率则可以完全通过。

(2)巴特沃斯高通滤波器

一个 n 阶巴特沃斯高通滤波器的传递函数为

$$H(u,v)=\frac{1}{1+[D_0/D(u,v)]^{2n}}$$

截止频率 D_0 的取值方法与巴特沃斯低通滤波器相似，该滤波器在通过频率与截止频率之间也没有明显的不连续性，图像增强后的振铃现象不明显。

(3)指数高通滤波器

指数高通滤波器的传递函数为：$H(u,v)=\mathrm{e}^{-[D_0/D(u,v)]^n}$，其中，截止频率 D_0 的取值与指数低通滤波器相似。

(4)梯形高通滤波器

梯形高通滤波器的传递函数为：

$$H(u,v)=\begin{cases}0 & D(u,v)<D_0\\ \dfrac{D(u,v)-D_0}{D_1-D_0} & D_0\leqslant D(u,v)\leqslant D_1\\ 1 & D(u,v)>D_1\end{cases}$$

式中，D_0 为 0 截止频率，D_1 为－1 截止频率，频率低于 D_0 的频率全部衰减。

说明：理想高通滤波器有明显振铃现象，图像的边缘模糊不清，巴特沃斯高通滤波器效果比较好，振铃现象不明显，但计算相对比较复杂，指数高通滤波器比巴特沃斯高通滤波器处理效果差一些,但振铃现象也不明显,梯形高通滤波器的处理结果稍微有振铃,但计算相对简单。

3)带阻/带通滤波

(1)带阻滤波器

理想带阻滤波器的传递函数为

$$H(u,v)=\begin{cases}1 & D(u,v)<D_0-w/2\\0 & D_0-w/2\leqslant D(u,v)\leqslant D_0+w/2\\1 & D(u,v)>D_0+w/2\end{cases}$$

带阻滤波器的功能是阻止一定频率范围内的频率分量通过而允许其他频率范围的频率分量通过。w 为阻带的宽度，D_0 为阻带的中心半径，$D(u,v)$ 表示从点 (u,v) 到频带中心 (u_0,v_0) 的距离。

常用的两个带阻滤波器分别是巴特沃斯带阻滤波器和高斯带阻滤波器。

巴特沃斯带阻滤波器的传递函数是

$$H(u,v)=1/\left\{1+\left[\frac{D(u,v)w}{D^2(u,v)-D_0^2}\right]^{2n}\right\}$$

高斯带阻滤波器的传递函数是

$$H(u,v)=1-e^{-\frac{1}{2}\left[\frac{D^2(u,v)-D_0^2}{D(u,v)w}\right]^2}$$

(2)带通滤波器

带通滤波器与带阻滤波器互补。设 $H_R(u,v)$ 为带阻滤波器的传递函数，$H_p(u,v)$ 为对应的带通滤波器传递函数,则有 $H_p(u,v)=1-H_R(u,v)$ 。

带通滤波器的功能是允许一定频率范围内的频率分量通过而阻止其他频率范围的频率分量通过。

4)同态滤波

同态滤波器能够减少低频信息并且增加高频信息,通过消除图像上照明不均的问题,让图像的照明更加均匀,增强暗区的图像细节,同时又不损失亮区的图像细节,提高图像的对比度。

同态滤波器的传递函数是：

$$H(u,v)=(r_H-r_L)\left[1-e^{-c\cdot D^2(u,v)/D_0^2}\right]+r_L$$

式中：$r_H>1$， $r_L<1$ ，c 为锐化参数。

通过设置 r_H 和 r_L 来控制低频或高频的衰减,其最终效果是同时进行动态范围的压缩和对比度的增强。

4.2 相关函数及示例程序

1. imhist()函数

imhist()函数用于绘制图像的直方图,其使用格式如下。

- imhist(I, n) ：I 为输入图像,n 为指定的灰度级数目,默认值为 256。
- [counts, X] = imhist(I)：counts 为直方图数据向量,counts(i)为第 i 个灰度级的像素数,

X 为保存了对应的灰度级的向量。

2. histeq( )函数

histeq()函数用于修改图像的直方图，其使用格式如下。

• J = histeq(I, n)：I 为输入图像，n 是指定的均衡化后输出图像的灰度级数，默认值为 64。

• [J, T] = histeq(I,…)：返回能将图像 I 的灰度直方图变换成图像 J 的直方图的变换函数 T。

• J = histeq(I, hgram)：实现直方图规定化。其中 hgram 是由用户指定的矢量，规定将原始图像 I 的直方图近似变换成 hgram，对于双精度类型图像，hgram 值的范围在[0, 1]之间，对于 uint8 类型图像，hgram 值的范围在[0, 255]之间。

3. imadjust( )函数

imadjust()函数用于图像的灰度变换，其使用格式如下。

J = imadjust(I, [low_in high_in], [low_out high_out],gamma)：对比度扩展函数，将图像的某一灰度值范围变换为一个新的数值范围，其中，I 是输入图像，数据类型须为 uint8、uint16 或 double，J 是经过灰度变换后的输出图像，其数据类型同输入图像 I。low_in、high_in、low_out 和 high_out 参数分别对应图 1-4-1 中的 a,b,c,d ，这 4 个参数的数值范围为[0, 1]。low_in 以下的值映射到 low_out，high_in 以上的值映射到 high_out，它们都可以使用空的矩阵[ ]，默认值是[0 1]。若输入图像为 uint8 类型，则此函数自动将区域范围的上限和下限分别乘以 255 以确定实际范围，若输入图像为 uint16 类型，则分别乘以 65 535。gamma 是一个可选参数，用于指定图像 I 与 J 之间变换函数曲线的形状：gamma=1 表示线性变换；gamma<1 则变换曲线为上凸曲线，这使得图像暗区域的灰度得到拉伸，亮区域的灰度被压缩；gamma>1 则变换曲线为下凹曲线，这使得图像暗区域的灰度被压缩，亮区域的灰度得到拉伸，默认值为 1。

4. log( )对数函数

log()函数用于调整图像的灰度范围，其使用格式如下。

J = C log(1+|I|)：C 为尺度比例常数，I 为输入图像，J 为灰度调整后的输出图像。对数变换常用来扩展低值灰度，压缩高值灰度，这样可以使低值灰度的图像细节更容易看清楚。

说明：由于对数运算不支持 uint 类型，使用此函数前要将数据类型转换为 double 类型。

5. imnoise( )函数

imnoise()函数用于给图像添加噪声，其使用格式如下。

J = imnoise(I, 'type', parameters)：I 是输入图像，J 是对 I 添加噪声后的输出图像。type 表示噪声类型，parameters 为噪声参数。例如：

• J=imnoise(I,'salt & pepper',d)，表示椒盐噪声，参数 d 表示噪声密度，即包含噪声值的图像区域的百分比，它的取值范围为[0,1]，其默认值为 0.05。

• J=imnoise(I,'gaussian',m,v)，表示高斯噪声，参数 m 为高斯噪声的均值，其默认值为 0。v 为高斯噪声的方差，其默认值为 0.01。

• J=imnoise(I,'poisson'),表示泊松噪声。

• J=imnoise(I,'localvar',v),表示高斯白噪声,均值为0,v为噪声的方差,其默认值为0.01。

6. imfilter()函数

imfilter()函数用于空域线性平滑滤波,其使用格式如下。

J=imfilter(I, H, option1, option2, option3):I为输入图像,H为平滑滤波模板,参数option分为三类。

边界选项:

• X 在滤波过程中,超出边界的像素取值为X,默认值为0。

• 'symmetric' 在滤波过程中,超出边界的像素以边界为反射轴,取值为边界内像素的镜像。

• 'replicate' 在滤波过程中,超出边界的像素取值为最靠近边界像素的值。

• 'circular' 在滤波过程中,超出边界的像素值用周期方式获得,即平移复制。

输出尺度选项:

• 'same' 输出图像和原图像大小相同,这是默认值。

• 'full' 输出图像略大于原图像。

卷积和相关选项:

• 'conv' 在滤波过程中,使用卷积运算。

• 'corr' 在滤波过程中,使用关联运算,这是默认值。

7. filter2()函数

filter2()函数用于二维线性平滑滤波,其使用格式如下。

J=filter2(H, I, shape):H为平滑滤波模板,I为输入图像。

参数shape的取值为:

• 'same' 输出图像和原图像大小相同,这是默认值。

• 'full' 边界补零,输出图像略大于原图像。

• 'valid' 输出图像略小于原图像,不考虑边界补零,只计算有效输出部分。

8. fspecial()函数

fspecial()函数用于Matlab预定义滤波模板的选取,其使用格式如下。

H = fspecial('type', parameters):type表示模板类型,parameters为模板参数。

常用的模板类型有以下几类:

(1)sobel水平边缘锐化模板

调用格式为:H = fspecial('sobel')。

返回的模板为:$\boldsymbol{H}=\begin{bmatrix}1 & 2 & 1\\ 0 & 0 & 0\\ -1 & -2 & -1\end{bmatrix}$,垂直方向的边缘模板使用转置$\boldsymbol{H}'$得到。

(2)prewitt 水平边缘锐化模板

调用格式为：H = fspecial('prewitt')。

返回的模板为：$\boldsymbol{H}=\begin{bmatrix}1 & 1 & 1\\0 & 0 & 0\\-1 & -1 & -1\end{bmatrix}$，垂直方向的边缘模板使用转置 $\boldsymbol{H}'$ 得到。

(3)正方形均值模板：average

调用格式为：H = fspecial('average', n)，模板大小为 $n\times n$，n 的默认值为 3。

(4)拉普拉斯模板：laplacian

调用格式为：H = fspecial('laplacian' , alpha)，其中，参数 alpha 的取值范围为[0, 1]，默认值为 0.2，其值决定模板的形状，当 alpha 大于 0.5 时，3×3 模板的四个角上的权重较大，当 alpha 小于 0.5 时，3×3 模板的四个边上的权重较大，当 alpha=0.5 时的模板为

$$\boldsymbol{H}=\begin{bmatrix}1/3 & 1/3 & 1/3\\1/3 & -8/3 & 1/3\\1/3 & 1/3 & 1/3\end{bmatrix}$$

(5)高斯–拉普拉斯模板：log

调用格式为：H = fspecial('log' , n, sigma)，其中，参数 n 为模板的边长，默认值为 3，sigma 为标准方差，默认值为 0.5，其值应为正值，值越大模板的形状越陡峭。

(6)高斯低通模板：gaussian

调用格式为：H = fspecial('gaussian' , n, sigma)，其中，参数 n 为模板的边长，默认值为 3，sigma 为高斯分布的方差，默认值为 0.5，其值应为正值，值越大模板的形状越陡峭。

(7)圆形均值模板：disk

调用格式为：H = fspecial('disk' , r)，其中，参数 r 为圆形模板的半径，默认值为 5，模板的边长为 $(2r+1)\times(2r+1)$ 的矩阵。

(8)近似镜头运动模糊模板：motion

该模板可近似模拟由于镜头的运动引起的图像模糊，调用格式为：

H = fspecial('motion' , n, theta)，其中，参数 n 为模板中大的那一维所含的元素数目，它表示模糊距离，默认值为 9，模糊距离越大表示对应的运动越剧烈，theta 表示镜头运动的方向角，水平方向为 0，垂直方向为 90，其默认值为 0。

(9)对比度增强滤波模板：unsharp

调用格式为：H = fspecial('unsharp', alpha)，其中，参数 alpha 用于控制滤波器的形状，范围为[0, 1]，默认值为 0。

9. medfilt2( )函数

medfilt2()函数用于图像的中值平滑滤波，其使用格式如下。

J =medfilt2(I, [m　n])：I 为输入图像，[m　n]表示模板大小，默认值为 3×3。

10. ordfilt2()函数

ordfilt2()函数用于排序滤波，其使用格式如下。

J = ordfilt2(I, order, domain):I为输入图像，参数order表示排序后选择的位置，其值为整数，domain表示滤波模板矩阵，将该矩阵的元素按从小到大排序，domain中的非零元素表示相应位置上的图像像素参加排序，如domain=[1 0 1; 0 1 0; 1 0 1]，则参加排序的是模板两条对角线上对应位置的像素。例如：

最小值滤波：J = ordfilt2(I, 1, ones(3))，

最大值滤波：J = ordfilt2(I, 9, ones(3))。

11. wiener2()函数

wiener2()函数用于图像的自适应平滑滤波，其使用格式如下。

J =wiener2(I, [m n]):其中各参数的含义与medfilt2()函数相同。

12. conv2()函数

conv2()函数用于二维卷积运算，其使用格式如下。

J = conv2(I, H, shape):I为输入图像，H为卷积模板。

参数shape的取值为：

- 'same' 输出图像和原图像大小相同。
- 'full' 输出图像略大于原图像，这是默认值。
- 'valid' 输出图像略小于原图像，未使用边缘补0进行卷积的结果。

说明：

① filter2()函数和conv2()函数将输入图像的数据类型转换为double类型，输出图像也是double类型的，输入图像的边界总是补零。

② imfilter()函数，输出图像与输入图像的数据类型相同，支持多种不同的边界补充选项。

示例程序1：使用直方图均衡化增强灰度图像对比度。

```
clc;  clear all;  close all;
I = imread('tire.tif');
J =  histeq(I);                      % 直方图均衡化
subplot(2, 2, 1); imshow(I); title('原始图像');
subplot(2, 2, 2); imshow(J); title('均衡化图像');
subplot(2, 2, 3); imhist(I,64); title('原始图像直方图');
subplot(2, 2, 4); imhist(J,64); title('均衡化图像直方图');
```

示例程序2：直方图规定化处理(自定义直方图向量)。

```
clc;  clear all;  close all;
I = imread('forest.tif');
hgram = 50:2:255;                    % 定义直方图向量
J =  histeq(I, hgram);               % 实现图像直方图规定化
subplot(2, 2, 1); imshow(I); title('原始图像');
subplot(2, 2, 2); imshow(J); title('直方图规定化');
subplot(2, 2, 3); imhist(I,64); title('原始图像直方图');
```

```
subplot(2, 2, 4); imhist(J,64); title('规定化图像直方图');
```

示例程序3:直方图规定化处理(使用匹配直方图)。

```
clc; clear all; close all;
I= imread('city.jpg');                          % 原图像
I= rgb2gray(I);
I1= imread('flower.tif');                       % 匹配图像
I1= rgb2gray(I1);
I1_imhist= imhist(I1);                          % 提取直方图
J= histeq(I, I1_imhist);                        % 使用匹配图像 I1 的直方图实现规定化处理
subplot(231);imshow(I); title('原图像');
subplot(232);imshow(I1); title('匹配图像');
subplot(233); imshow(J); title('规定化处理后的图像');
subplot(234); imhist(I); title('原图像的直方图');
subplot(235); imhist(I1); title('匹配图像的直方图');
subplot(236); imhist(J); title('规定化后处理图像的直方图);
```

示例程序4:分段线性灰度变换。

```
clc; clear all; close all;
A= imread('girl.jpg');                          % 读入彩色图像
A= rgb2gray(A);                                 % 转换成灰度图像
A= double(A);                                   % 转换成双精度类型
[m,n]= size(A);                                 % 计算图像的大小
for i= 1:m                                      % 分成三段分别进行线性变换
    for j= 1:n
        if (A(i,j)> = 0)&(A(i,j)< 100)
            B(i,j)= 0.3* A(i,j);                % 第一类线性变换
        elseif (A(i,j)> = 100)&(A(i,j)< 200)
            B(i,j)= 1.5* A(i,j)- 80;            % 第二类线性变换
        elseif (A(i,j)> = 200)&(A(i,j)< 255)
            B(i,j)= 0.3* A(i,j)+ 150;           % 第三类线性变换
        end
    end
end
subplot(1,2,1); imshow(uint8(A));
subplot(1,2,2); imshow(uint8(B),[]);
```

示例程序5:彩色图像的灰度变换。

```
clc;  clear all;  close all;
A= imread(' penguin.jpg');
A= double(A);
A_r= A(:,:,1);                                  % 红色分量
A_g= A(:,:,2);                                  % 绿色分量
A_b= A(:,:,3);                                  % 蓝色分量
A_r= A_r* 1.5+ 60;                              % 线性变换
A_g= A_g* 1.5+ 60;
A_b= A_b* 1.5+ 60;
B(:,:,1)= A_r;                                  % 合成彩色图像
B(:,:,2)= A_g;
B(:,:,3)= A_b;
```

```
subplot(1,2,1); imshow(uint8(A));
subplot(1,2,2); imshow(uint8(B));
```

示例程序6:均值滤波。

```
clc; clear all; close all;
I= imread('rice.png');
I= im2double(I);
subplot(1,3,1);
imshow(I);
title('原图像');
J=imnoise(I, 'gaussian',0, 0.06);                    % 添加高斯噪声
subplot(1,3,2);
imshow(J);
title('叠加高斯噪声后的图像');
h= fspecial('average');                              % 定义均值滤波器
BW= imfilter(I, h, 'same');                          % 均值滤波处理
subplot(1,3,3);
imshow(BW);
title('均值滤波后的图像');
```

示例程序7:Roberts锐化处理。

```
clc;  clear all;  close all;
I= imread('tulip.jpg');
I= rgb2gray(I);
figure, imshow(I);
I= im2double(I);
w1= [- 1 0; 0 1];  w2= [0 - 1; 1 0];                 % 定义锐化滤波器
G1= imfilter(I, w1, 'corr', 'replicate');            % 锐化滤波处理
G2= imfilter(I, w2, 'corr', 'replicate');
G= imadd(abs(G1),abs(G2));                           % 两个方向的滤波结果叠加
figure, imshow(abs(G1), [ ]);
figure, imshow(abs(G2), [ ]);
figure, imshow(G, [ ]);
```

示例程序8:图像浮雕化。

```
clc; clear all; close all;
imageA= imread('lena.jpg');
imageA= double(imageA);
[M, N]= size(imageA);                                % 计算图像的大小
imageB= zeros(M- 1, N- 1);
for i= 2:M- 1
    for j= 2:N- 1
        % H= [1 0 - 1;2 0 - 2;1 0 - 1];水平方向模板
        imageB(i,j)= imageA(i- 1,j- 1)+ 2* imageA(i- 1,j)+ imageA(i- 1,j+ 1)- ima-
geA (i+ 1,j- 1)- 2* imageA(i+ 1,j)- imageA(i+ 1,j+ 1)+ 200;  % 浮雕效果,加上一个常数
        if(imageB(i,j)> 255)                         % 限定灰度范围
            imageB(i,j)= 255;
        else if(imageB(i,j)< 0)
            imageB(i,j)= 0;
        end
```

```
        end
    end
end
subplot(1,2,1); imshow(uint8(imageA)); title('原图像');
subplot(1,2,2); imshow(uint8(imageB)); title('浮雕效果图像');
```

示例程序 9:巴特沃斯低通滤波。

```
clc; clear all; close all;
I= imread('tulip.jpg');
X= rgb2gray(I);
X= imnoise(X,'gaussian',0,0.03);     % 添加高斯噪声
subplot(121), imshow(X); title('噪声图像');
I1= im2double(X);
[M, N]= size(I1);                    % 计算图像的大小
D0= 158;  n= 2;                      % 设置截止频率
FI= fft2(I1);                        % 离散傅里叶变换
FI= fftshift(FI);                    % 频谱中心化
n1= round(M/2); n2= round(N/2);
for i= 1:M
    for j= 1:N
        D(i,j)= ((i- n1)^2+ (j- n2)^2);
        H(i,j)= 1/(1+ (D(i,j)/D0)^(2* n));    % 巴特沃斯低通传递函数
    end
end
J= ifftshift(H.* FI);                % 滤波处理
I2= ifft2(J);                        % 逆离散傅里叶变换
subplot(122), imshow(I2,[ ]);
title('增强后的图像');
```

示例程序 10 :理想高通滤波处理。

```
clc; clear all; close all;
I= imread('tulip.jpg');
X= rgb2gray(I);
subplot(1,2,1); imshow(X); title('原图像');
I1= im2double(X);
[M, N]= size(I1);                    % 计算图像的大小
D0= 158;                             % 设置截止频率
FI= fft2(I1);                        % 离散傅里叶变换
FI= fftshift(FI);
n1= round(M/2); n2= round(N/2);
for i= 1:M
    for j= 1:N
        D(i,j)= ((i- n1)^2+ (j- n2)^2);
        if D(i,j)< = D0              % 理想高通传递函数
            H(i,j)= 0;
        else
            H(i,j)= 1;
        end
    end
```

```
end
J= ifftshift(H.* FI);                  % 滤波处理
I2= ifft2(J);                          % 逆离散傅里叶变换
subplot(1,2,2); imshow(I2, [ ]); title('增强后的图像');
```

示例程序 11 :图像的同态滤波。

```
clc; clear all; close all;
I= imread('fig.jpg');
X= rgb2gray(I);
subplot(121), imshow(X); title('原图像');
I= double(X);
[M, N]= size(I);
rL= 0.3;   rH= 2.0;   c= 2;   d0= 10;  % 设置参数
I1= log(I+ 1);                         % 对换变换
FI= fft2(I1);                          % 离散傅里叶变换
n1= round(M/2); n2= round(N/2);
for i= 1:M
  for j= 1:N
    D(i,j)= sqrt((i- n1)^2+ (j- n2)^2);
    H(i,j)= (rH- rL)* (exp(c* (- D(i,j)/(d0^2))))+ rL;   % 高斯同态传递函数
  end
end
I2= ifft2(H.* FI);                     % 逆离散傅里叶变换
I3= real(exp(I2));                     % 指数变换
subplot(122), imshow(I3,[ ]);
title('同态滤波后的图像');
```

4.3 实验指导

实验示例 4-1: 图像平滑滤波

(1)实验内容

对一幅输入图像分别加上椒盐噪声和高斯噪声,采用不同尺寸的模板对加有噪声的图像分别进行均值滤波和中值滤波,并比较处理结果。

(2)实验原理和方法

均值滤波是在空间域对图像进行平滑处理的一种方法,其算法思想是由某像素邻域内各点灰度值的平均值来代替该像素原来的灰度值。可用模块反映邻域平均算法的特征,用这样一个模块与图像进行卷积运算,可以达到平滑图像的目的。中值滤波是一种非线性处理技术,能抑制图像中的噪声,中值滤波器是一个含有奇数个像素的模板,在用这种模板处理之后,位于模板正中的像素的灰度值,用模板内各像素灰度值的中值来代替,从而可以消除那些灰度突出的像素。

(3)参考程序

```
clc; clear all; close all
I= imread('eight.tif');
J= imnoise(I,'salt & pepper',0.02);         % 添加椒盐噪声
```

```
G= imnoise(I,'gaussian',0,0.05);                %添加高斯噪声
subplot(1,2,1); imshow(J); title('椒盐噪声图像');
subplot(1,2,2); imshow(G); title('高斯噪声图像');
K1= imfilter(J, fspecial('average',3));        %均值滤波
K2= imfilter(J, fspecial('average',7));
K3= imfilter(G, fspecial('average',3));
K4= imfilter(G, fspecial('average',7));
figure;
subplot(4,2,1); imshow(K1,[ ]); title('用 3×3 模板对椒盐噪声均值滤波');
subplot(4,2,2); imshow(K2,[ ]); title('用 7×7 模板对椒盐噪声均值滤波');
subplot(4,2,3); imshow(K3,[ ]); title('用 3×3 模板对高斯噪声均值滤波');
subplot(4,2,4); imshow(K4,[ ]); title('用 7×7 模板对高斯噪声均值滤波');
K5= medfilt2(J,[3 3]);                          %中值滤波
K6=  medfilt2(J,[7 7]);
K7=  medfilt2(G,[3 3]);
K8= medfilt2(G,[7 7]);
subplot(4,2,5),imshow(K5,[ ]),title('用 3×3 模板对椒盐噪声中值滤波');
subplot(4,2,6),imshow(K6,[ ]),title('用 7×7 模板对椒盐噪声中值滤波');
subplot(4,2,7),imshow(K7,[ ]),title('用 3×3 模板对高斯噪声中值滤波');
subplot(4,2,8),imshow(K8,[ ]), title('用 7×7 模板对高斯噪声中值滤波');
```

(4)实验结果与分析

实验结果如图 1-4-2～图 1-4-11 所示。

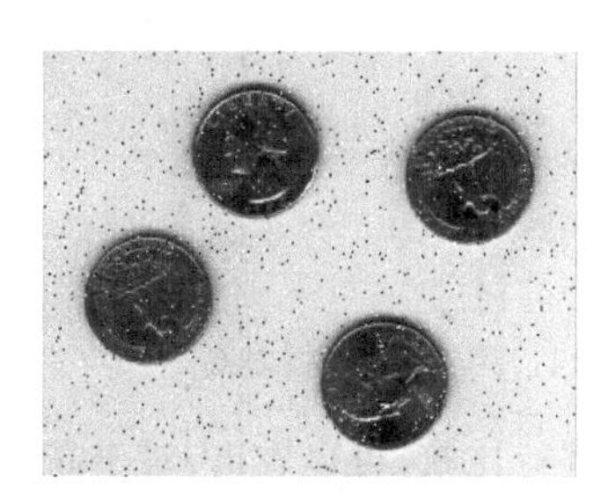

图 1-4-2　椒盐噪声图像

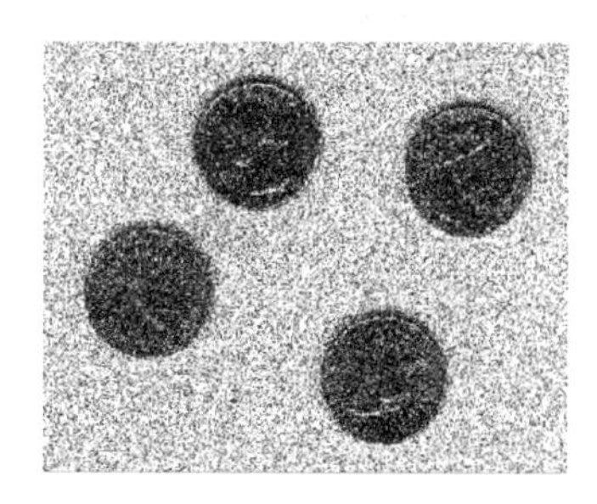

图 1-4-3　高斯噪声图像

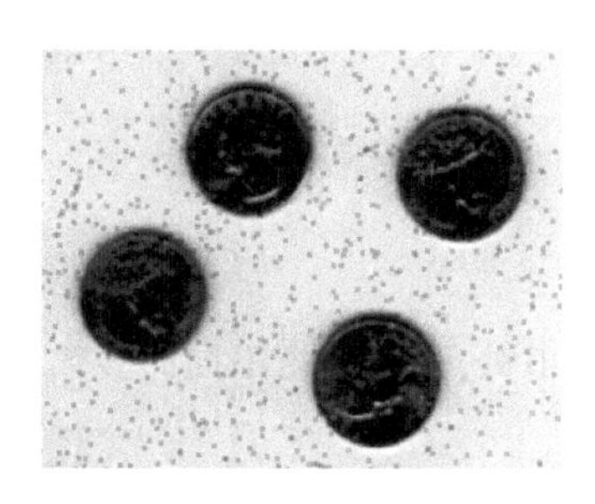

图 1-4-4　用 3×3 模板对椒盐噪声均值滤波

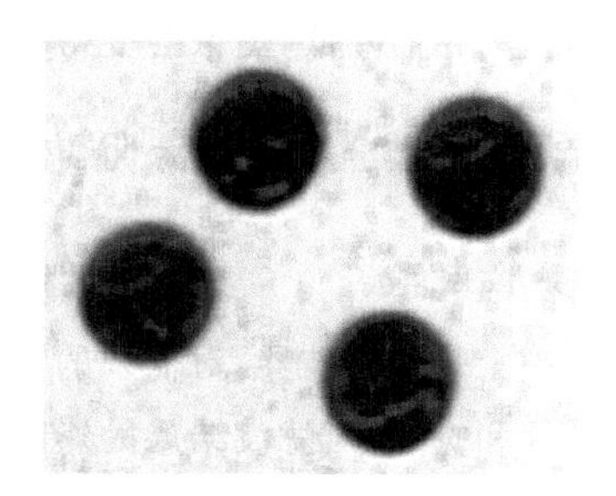

图 1-4-5　用 7×7 模板对椒盐噪声均值滤波

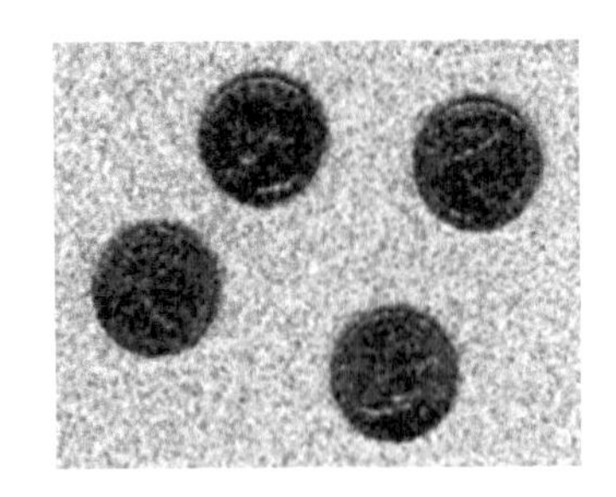

图 1-4-6　用 3×3 模板对高斯噪声均值滤波

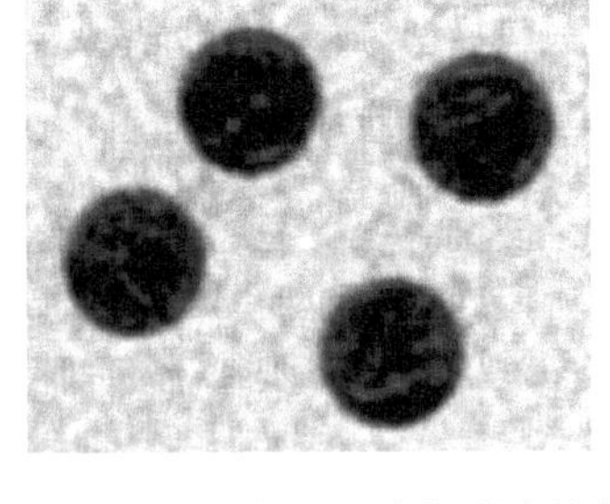

图 1-4-7　用 7×7 模板对高斯噪声均值滤波

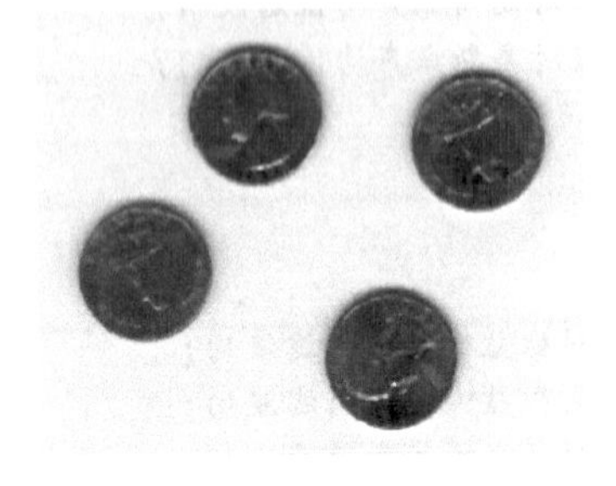

图 1-4-8　用 3×3 模板对椒盐噪声中值滤波

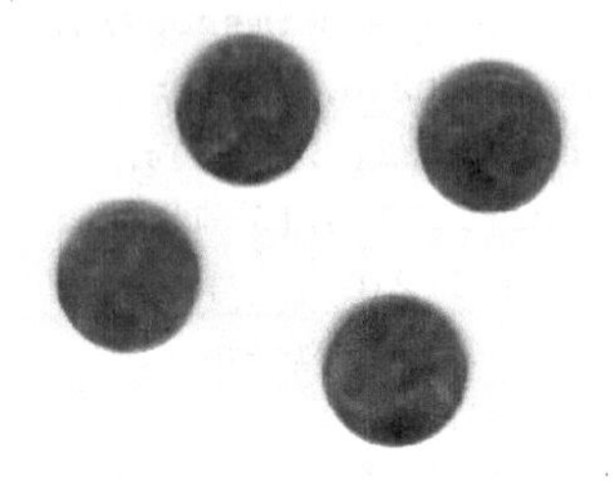

图 1-4-9　用 7×7 模板对椒盐噪声中值滤波

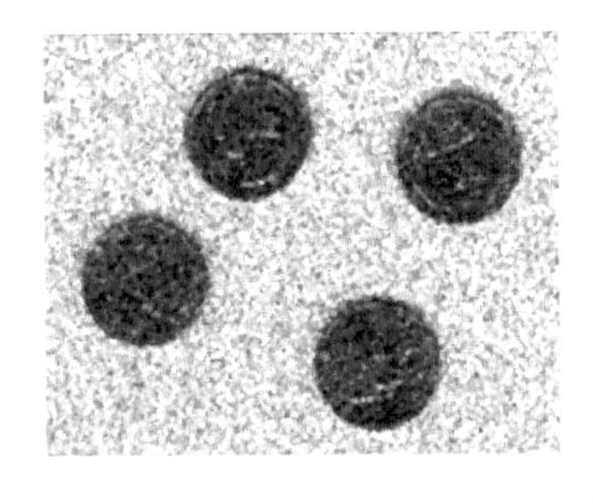

图 1-4-10　用 3×3 模板对高斯噪声中值滤波

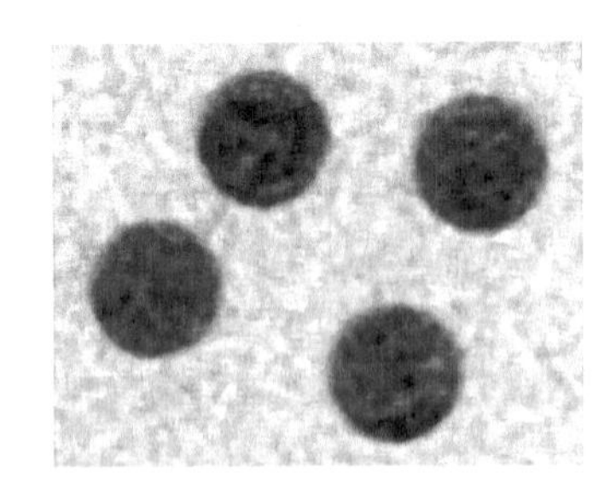

图 1-4-11　用 7×7 模板对高斯噪声中值滤波

对以上用不同尺寸的两种滤波器进行滤波操作的图像进行比较，可以看出：对于高斯噪声，采用均值滤波比中值滤波效果好；对于椒盐噪声，采用中值滤波比均值滤波效果好。无论是均值滤波器还是中值滤波器，随着使用的滤波器模板尺寸增大，消除噪声的效果越好，但同时图像的细节锐化程度相应降低，图像会变得越模糊。

实验示例 4-2：图像带阻滤波

(1)实验内容

设计一个带阻滤波器，对输入的图像在频率域上实现滤波处理，并讨论不同的参数值(带阻滤波器半径和宽度)对滤波结果的影响。

(2)实验原理和方法

使用带阻滤波器可以抑制一定频率范围内的信号，而让其他频率范围内的信号通过，可以用来消除一定频率范围内的噪声。一种常用的带阻滤波器是高斯带阻滤波器，它的传递函数表示为

$$H(u,v) = 1 - \mathrm{e}^{-\frac{1}{2}\left[\frac{D^2(u,v)-D_0^2}{D(u,v)w}\right]^2}$$

式中：w 是阻带的宽度，D_0 是阻带的中心半径。

(3)参考程序

```
clc;clear all; close all;
I= imread('eight.tif');                % 读入灰度图像
I1= double(I);                         % 将图像转换为双精度类型
[M, N]= size(I1);
W= 20;                                 % 设置带宽
D0= 10;                                % 设置中心半径
FI= fft2(I1);                          % 进行二维傅里叶变换
FI= fftshift(FI);
n1= round(M/2); n2= round(N/2);
for i= 1:M
    for j= 1:N
        D= sqrt((i- n1)^2+ (j- n2)^2);
        H(i,j)= 1- exp(- 1/2* ((D^2- D0^2)/(D* W))^2);    % 高斯带阻传递函数
    end
end
HFI= H.* FI;                           % 实现滤波处理
FJ= ifftshift(HFI);
J1= ifft2(FJ);                         % 逆离散傅里叶变换
I2= uint8(real(J1));
subplot(1,3,1); imshow(I, [ ]); title('原图像');
figure,subplot(1,2,1); imshow(log(1+ abs(HFI)),[ ]); title('带阻滤波');
subplot(1,2,2); imshow(I2, [ ]); title('滤波后的图像');
```

(4)实验结果与分析

实验结果如图 1-4-12～图 1-4-20 所示。

从实验结果可以看出，带阻滤波器可以抑制距离频谱中心一定距离的一个圆环区域的频率，通过改变带宽和中心半径可以调节一定频率范围的信号。当带阻半径 D_0 越小，越接近高通滤波的效果，而带阻半径 D_0 越大，越接近低通滤波的效果，带宽 w 越大阻断的频率分量越多，图像会变得越不清晰。

图 1-4-12　噪声图像

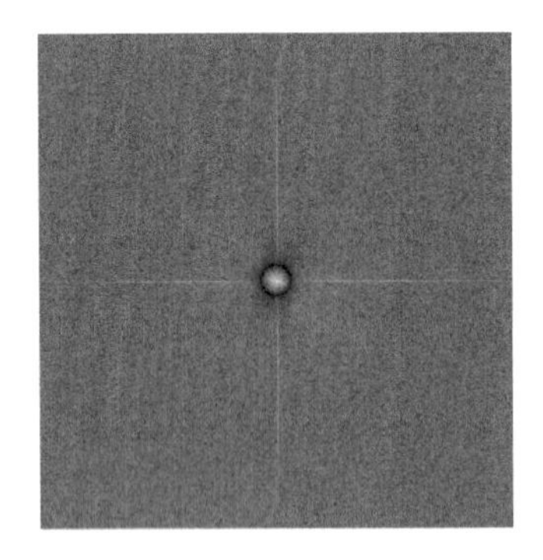

图 1-4-13　$w=20$，$D_0=10$ 带阻滤波

图 1-4-14　$w=20$，$D_0=10$ 滤波后图像

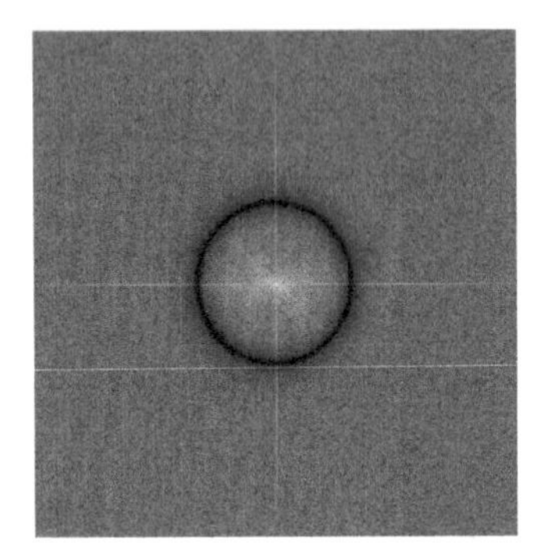

图 1-4-15　$w=20$，$D_0=50$ 带阻滤波

图 1-4-16　$w=20$，$D_0=50$ 滤波后图像

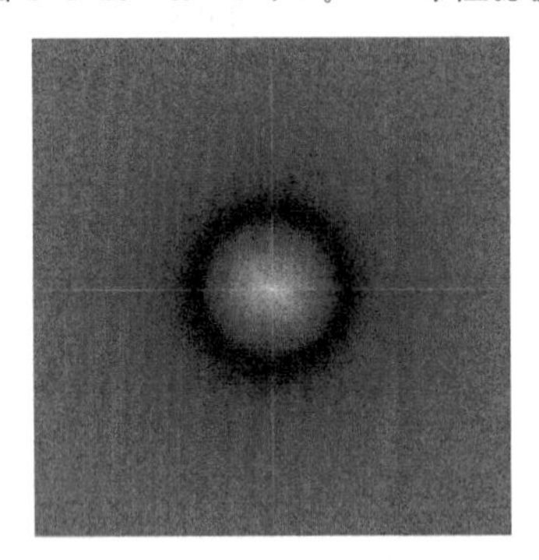

图 1-4-17　$w=100$，$D_0=50$ 带阻滤波

图 1-4-18　$w=100$，$D_0=50$ 滤波后图像

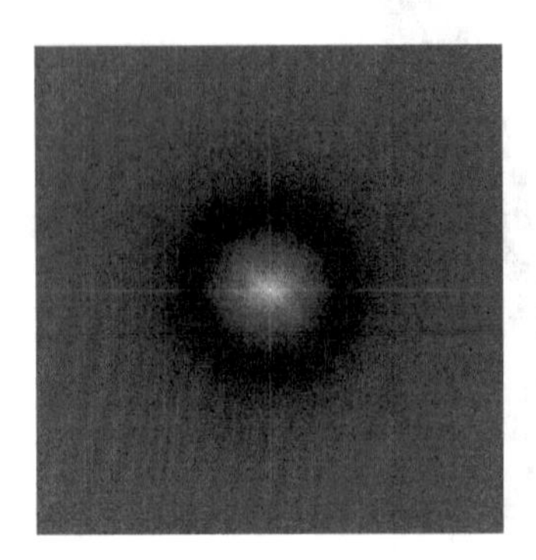

图 1-4-19　$w=200$，$D_0=50$ 带阻滤波

图 1-4-20　$w=200$，$D_0=50$ 滤波后图像

4.4　实验项目

实验项目4-1：图像的空域平滑滤波

(1)实验目的

① 理解图像噪声的概念及方法。

② 理解空域平滑滤波的基本原理及方法。

③ 掌握平滑滤波器的使用。

(2)实验内容

对输入的图像，利用imnoise()函数在图像上分别加入不同水平的椒盐噪声和高斯噪声，使用均值滤波器和中值滤波器，对加入噪声的图像进行处理，并比较不同噪声水平下的处理结果。

实验项目4-2：图像的空域锐化滤波

(1)实验目的

① 理解空域锐化滤波的基本原理及方法。

② 理解锐化滤波器的设计原理。

③ 掌握常用几种锐化算子的使用。

(2)实验内容

分别使用Roberts、Sobel和laplacian算子对输入图像进行锐化处理，并比较三种不同算子的处理结果。

实验项目4-3：图像的频域高通滤波

(1)实验目的

① 理解频域滤波的基本原理及方法。

② 理解频域滤波函数的定义及方法。

③ 掌握频域空间滤波器的使用。

(2)实验内容

对输入的图像，分别采用理想高通滤波器、巴特沃斯高通滤波器和高斯高通滤波器对其进行滤波，再做反变换，比较不同的截止频率下采用不同高通滤波器得到的结果。

第 5 章

彩色图像处理 «‹

5.1 知识要点

1. 基本概念

(1)彩色

颜色可分为无彩色和有彩色两大类。无彩色指白色、黑色和各种深浅程度不同的灰色。以白色为一端,通过一系列从浅到深排列的各种灰色,到达另一端的黑色,这些灰色可以组成一个黑白系列,彩色指除去上述黑白系列以外的各种颜色。

(2)三基色

三基色是指红(Red)、绿(Green)、蓝(Blue)三种基本色光。自然界中可见颜色都可以用三种基色按一定比例混合得到,反之,任意一种颜色都可以分解为三种基色。三种基色是相互独立的,任何一种基色都不能由其他两种颜色合成。

(3)色度图

色度图是用组成某种颜色的三基色的比例来规定这种颜色。图中横轴对应红色的色系数 r,纵轴对应绿色的色系数 g,蓝色的色系数可由式 $b=1-(r+g)$ 来确定。

在色度图中:

① 每个点都对应一种可见的颜色。

② 边界上的点代表纯颜色,移向中心表示混合的白光增加而纯度减少。中心 C 点处各种光谱能量相等。

③ 边界上各点具有不同的色调,连接中心点到边界点的直线上的各点具有同样的色调。

④ 连接任两端点的直线上的各点表示将这两端点所代表的颜色相加可组成的一种新颜色。

⑤ 过 C 点直线端点的两彩色为互补色。

(4)伪彩色

伪彩色是对原本没有颜色的图像,人工赋予的颜色。伪彩色图像的每个像素值实际上是一个索引值或代码,该代码值作为色彩查找表 CLUT(Color Look－Up Table)中某一项的入口地址,根据该地址可查找出包含实际 R、G、B 的强度值。用这种方式产生的色彩本身是真的,但它不一定反映原图像的色彩。

(5)真彩色

真彩色是指图像中的每个像素值都分成 R、G、B 三个基色分量,每个基色分量直接决定其基色的强度，这样产生的色彩可以反映原图像的真实色彩。如果图像深度为 24 位，R、G、B 分量各用 8 位来表示各自基色分量的强度，每个基色分量的强度等级为 $2^8=256$ 种。24 位色称为真彩色，色数达到 1 677 万多种颜色。

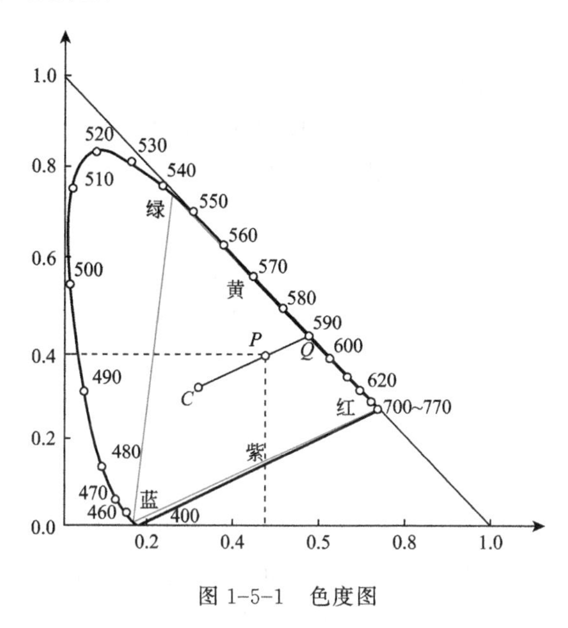

图 1-5-1　色度图

2. 彩色模型

(1)RGB 模型

RGB 模型是常用的一种彩色信息表达方式，它使用红、绿、蓝三基色的亮度来定量表示颜色，将红(Red)、绿(Green)、蓝(Blue)三基色以不同的比例相加，以产生多种多样的色光。该模型是以 RGB 三色光互相叠加来实现混色的方法，所有颜色都可看作三个基本色的不同组合，这种模型适合于显示器等发光体的显示。

RGB 颜色空间的主要缺点是不直观，从 R、G、B 的值中很难知道该值所代表颜色的认知属性。

(2)CMY 模型

CMY 是色料三基色，分别是青(Cyan)、品红(Magenta)、黄(Yellow)，利用油墨对光的吸收、透射和反射，产生不同的颜色。油墨首先吸收一部分照明光，同时反射出不能吸收的部分，这些反射出来的色光再相互混合，最后以混合光的形式形成相应的颜色。CMY 的三种颜色叠加在一起，就可以配出各种颜色，但不能配出纯黑，因此再增加一个独立的黑色(K)，共同组成 CMYK 系统。CMYK 模型主要用于彩色打印和印刷。

(3)HIS(SHV)模型

HSI 模型用 H、S、I 三个参数描述颜色特性，H 定义颜色的波长(称为色调)，S 表示颜色的深浅程度(称为饱和度)，I(V)表示强度或亮度。HSI(HSV)模型的优点：

① I(V)分量与图像的彩色信息无关，在处理彩色图像时，可仅对 I(V)分量进行处理，结果不

改变原图像中的彩色种类。

② H和S分量与人感受颜色的方式是紧密相联的，与人感知颜色的结果一一对应。HSI(HSV)模型被广泛应用于图像彩色特性分析与处理。

(4)YIQ模型

YIQ是NTSC制式采用的颜色模型，NTSC是由美国电子工业协会所发起及创办的图像输出制式。在YIQ模型中，Y分量代表图像的亮度信息，I、Q两个分量则携带颜色信息，I分量代表从橙色到青色的颜色变化，而Q分量则代表从紫色到黄绿色的颜色变化。

(5)YCbCr模型

YCbCr颜色模型将亮度信息与色度信息分开，在YCbCr模型中，每一种颜色由一个亮度分量Y和两个色度分量Cb(蓝)和Cr(红)这三个相互独立的属性构成。由于人的视觉系统对颜色细节的分辨力比亮度细节的分辨力低，如果把色度分量的分辨率降低不会显著影响图像的质量，因此可以减少图像所需要的存储容量。YCbCr是在计算机系统和数字图像视频处理系统中应用最多的颜色模型。

3. 伪彩色处理

伪彩色图像处理方法通过对原来灰度图像中不同灰度值的区域赋予不同的颜色以更加明显地区分它们。输入的是灰度图像，输出的是彩色图像。

常用的伪彩色处理方法有：灰度分割、利用变换函数、频域滤波。

(1)灰度分割

一幅灰度图像可以看作一个二维的灰度函数 $G(x,y)$，如果用一组平行于图像坐标平面 xy 的平面去分割灰度函数，就可把灰度函数分成若干不同的灰度等级区间，对每一个区间赋予某一种颜色，可以得到一幅彩色图像。

设在灰度值 $l_1, l_2, \cdots, l_M$ 处定义 M 个平面，用这 M 个平面将图像的灰度域分成 $M+1$ 个区间 $R_1, R_2, \cdots, R_{M+1}$，对每个灰度区间内的像素赋予一种颜色，即 $G(x,y)=c_m, G(x,y)\in R_m$，式中，$R_m$ 为分割平面产生的灰度区间，c_m 是所赋予的颜色。

(2)从灰度到彩色的变换

对原始图像中像素的灰度值利用三个独立的变换函数分别进行转换，将不同的灰度值变换为不同的色彩，然后将三个色值分别作为红、绿、蓝分量合成某一种颜色。同一灰度值由于使用三个不同的变换函数进行转换，可以得到不同的输出，从而获得颜色由三个变换函数调制的彩色图像。

(3)频域滤波方法

先把原始灰度图像变换到频率域，根据图像中各区域的不同频率分量给区域赋予不同的颜色。通常在频率域上通过三个不同的滤波器(可分别使用低通、带通/带阻、高通滤波器)得到不同的频率分量，然后分别对它们进行逆变换，得到三幅不同频率分量的单色图像，再对这三幅图像作进一步处理(如直方图均衡化)，最后将它们作为三基色分量合成一幅彩色图像。

4. 真彩色处理

真彩色图像处理的方法有两种:基于彩色分量的处理方法、基于彩色向量的处理方法。直接在 RGB 模型上处理可能造成色偏,一般转换到 HSI 模型对各个分量进行处理。

(1)基于彩色分量的处理方法

将一幅彩色图像分解成三幅分量图像,按照灰度图像处理的方法分别进行处理,然后将它们合并成彩色图像。对 RGB 模型的图像,需要对 R、G、B 这三个分量分别进行处理后再合成彩色图像,而对 SHI 模型的图像,则只需要对 H、S、I 三个分量中一个分量进行处理后再合成即可。

(2)基于彩色向量的处理方法

单分量处理方法的优点是比较容易操作,但会产生整体色彩感知的变化,常造成明显的彩色失真。可以将一幅彩色图像看作由三个分量组成的向量,利用对向量的表示方法进行处理,即同时对所有分量进行无差别的处理。这种处理方法可以避免彩色失真现象。

5.2　相关函数及示例程序

1. 提取出 RGB 彩色图像的三个分量图像

- fR=RGB(:,:,1):提取图像 RGB 的红色分量图像。
- fG=RGB(:,:,2):提取图像 RGB 的绿色分量图像。
- fB=RGB(:,:,3):提取图像 RGB 的蓝色分量图像。

2. colormap()函数

colormap()函数用于设定图像显示用的颜色查找表。颜色查找表是一个 $m\times3$ 的矩阵,其元素值在[0,1]之间,每一行是定义一种颜色的一个 RGB 向量,其使用格式如下。

```
colormap(type);
```

参数 type 的取值为:

- jet 从蓝到红,中间经过青绿、黄和橙色(默认值)。
- autumn 从红色平滑变化到橙色,然后到黄色。
- bone 具有较高的蓝色成分的灰度颜色表。
- colorcube 尽可能多地包含在 RGB 颜色空间中的正常空间的颜色,试图提供更多级别的灰色、纯红色、纯绿色和纯蓝色。
- cool 包含青绿色和品红色的阴影色。从青绿色平滑变化到品红色。
- copper 从黑色平滑过渡到亮铜色。
- flag 包含红、白、绿和黑色。
- gray 返回线性灰度颜色表。
- hot 从黑色平滑过渡到红、橙色和黄色的背景色,然后到白色。
- hsv 从红色,变化到黄、绿、青绿、品红,返回到红色。

- line 产生由坐标轴的 colororder 属性产生的颜色以及灰的背景色的颜色表。
- pink 柔和的桃红色，它提供了灰度图的深褐色调和色。
- prism 重复这六种颜色：红、橙、黄、绿、蓝和紫色。
- spring 包含品红和黄的阴影颜色。
- summer 包含绿和黄的阴影颜色。
- white 全白的单色颜色表。
- winter 包含蓝和绿的阴影颜色。

说明：参数中可以指定颜色等级，如 colormap(gray(16))。

3. colorbar()函数

colorbar()函数用于显示颜色条，其使用格式如下。

- colorbar('vert')、colorbar( ) 或 colorbar 垂直方向(默认值)。
- colorbar('horiz') 水平方向。

4. grayslice()函数

grayslice()函数用于将灰度图像转换为索引色图像，其使用格式如下。

- X=grayslice(gray_image, n)：grayslice()函数是伪彩色图像处理的基本工具，为指定的灰度区域赋予不同的颜色。此函数使用阈值 n 对灰度图像 gray_image 进行阈值处理以产生索引色图像 X。
- X=grayslice(gray_image, v)：v 是矢量，v 的数值必须在 [0,1]之间，用来给 gray_image 赋阈值。

说明：输入图像的类型可以是 uint8、uint16 或 double，输出图像的数据类型是 uint8。

5. 色彩空间转换函数

(1)RGB 与 CMY 之间的转换函数

- cmy=imcomplement(rgb)：从 RGB 空间至 CMY 空间的转换。
- rgb=imcomplement(cmy)：从 CMY 空间至 RGB 空间的转换。

其中，rgb 为 RGB 空间的图像矩阵，cmy 为 CMY 空间的图像矩阵。

说明：输入图像的数据类型可以是 uint8、uint16 或者 double。输出图像的数据类型和输入图像的数据类型一致。

(2)RGB 与 HSV 之间的转换函数

- hsv=rgb2hsv(rgb)：从 RGB 空间至 HSV 空间的转换。

说明：输入图像的数据类型可以是 uint8、uint16 或者 double。输出图像的数据类型是 double。

- rgb=hsv2rgb(hsv)：从 HSV 空间至 RGB 空间的转换。

说明：输入图像的数据类型必须是 double，输出图像的数据类型是 double。其中，rgb 为 RGB 空间的图像矩阵，hsv 为 HSV 空间的图像矩阵。

(3) RGB 与 YIQ 之间的转换函数

- ntsc=rgb2ntsc(rgb)：从 RGB 空间至 YIQ 空间的转换。

说明:输入图像的数据类型可以是 uint8、uint16、single 或者 double。输出图像的数据类型是 double。

• rgb＝ntsc2rgb (ntsc)：从 YIQ 空间至 RGB 空间的转换。

说明:输入图像的数据类型必须是 double,输出图像的数据类型是 double。其中,rgb 为 RGB 空间的图像矩阵,ntsc 为 YIQ 空间的图像矩阵。

(4) RGB 与 YCbCr 之间的转换函数

• ycbcr＝rgb2ycbcr(rgb)：从 RGB 空间至 YCbCr 空间的转换。

• rgb＝ycbcr2rgb(ycbcr)：从 YCbCr 空间至 RGB 空间的转换。

说明:对这两个函数输入图像的数据类型可以是 uint8、uint16 或者 double。输出图像的数据类型和输入图像的数据类型一致。其中,rgb 为 RGB 空间的图像矩阵,ycbcr 为 YCbCr 空间的图像矩阵。

6. find( )函数

find 函数用于查找矩阵中非零元素的位置和值,其使用格式如下。

• B = find(A):**A** 是一个矩阵,查找矩阵中非零元素的位置。如果 **A** 是一个行向量,则返回一个行向量,否则,返回一个列向量;如果 **A** 全是零元素或者空数组,则返回一个空数组。

• B = find(A==2):查找到矩阵 **A** 中等于 2 的元素的位置。

• [r, c] = find(A):查找矩阵 **A** 中非零元素所在的行和列,行下标保存在矩阵 ***r*** 中,列下标保存在矩阵 ***c*** 中。

• [r, c, v] = find(A):查找矩阵 **A** 中非零元素所在的行和列,行下标保存在矩阵 ***r*** 中,列下标保存在矩阵 ***c*** 中,值保存在矩阵 ***v*** 中。

示例程序 1:显示 RGB 图像的三个分量图。

```
clc;  clear all;  close all;
rgb= imread('flower.tif');
fR =  rgb(:, :, 1);                    % 获取图像的红色分量
fG =  rgb(:, :, 2);                    % 获取图像的绿色分量
fB =  rgb(:, :, 3);                    % 获取图像的蓝色分量
subplot(2, 2, 1);  imshow(rgb); title('原 RGB 图像');
subplot(2, 2, 2);  imshow(fR); title('R 分量图');
subplot(2, 2, 3);  imshow(fG); title('G 分量图');
subplot(2, 2, 4);  imshow(fB); title('B 分量图');
X= size(fR);   zer= zeros(X);
rgb_red= cat(3,fR,zer,zer);            % 三个分量图合成彩色图像
rgb_green= cat(3,zer,fG,zer);
rgb_blue= cat(3,zer,zer,fB);
figure;
subplot(1, 3, 1); imshow(rgb_red); title('红色分量');
subplot(1, 3, 2); imshow(rgb_green); title('绿色分量');
subplot(1, 3, 3); imshow(rgb_blue); title('蓝色分量');
```

示例程序 2:RGB 空间和 HSV 空间之间的转换。

```
clc;  clear all;  close all;
```

```
RGB= imread('autumn.tif');                    % 读入图像
HSV = rgb2hsv(RGB);                           % 转换到 HSV 空间
RGB1= hsv2rgb(HSV);                           % 转换到 RGB 空间
subplot(1, 2, 1); imshow(HSV); title('HSV 空间图像');
subplot(1, 2, 2); imshow(RGB1); title('RGB 空间图像');
```

示例程序 3:灰度分层的伪彩色增强。

```
clc;  clear all;  close all;
I =  imread('moongray.jpg ');                 % 读取图像
subplot(1, 2, 1); imshow(I); title('灰度图像');
X =  grayslice(I,64);                         % 灰度分成 64 层
subplot(1, 2, 2); imshow(X,hot(64)); title('分成 64 层伪彩色');
```

示例程序 4:基于直方图均衡化的彩色图像增强。

```
clc; clear all;  close all;
RGB= imread('onion.jpg');                     % 读入图像
R= RGB(:,:,1); G= RGB(:,:,2); B= RGB(:,:,3); % 提取分量图
x= size(R); zero= zeros(x);
subplot(2,2,1);imshow(RGB); title('原彩色图像');
subplot(2,2,2);imshow(cat(3,R,zero,zero)); title('红色分量');
subplot(2,2,3);imshow(cat(3,zero,G,zero)); title('绿色分量');
subplot(2,2,4);imshow(cat(3,zero,zero,B)); title('蓝色分量');
figure;
subplot(1,3,1);imhist(R); title('红色分量直方图');
subplot(1,3,2);imhist(G); title('绿色分量直方图');
subplot(1,3,3);imhist(B); title('蓝色分量直方图');
r= histeq(R); g= histeq(G); b= histeq(B);   % 直方图均衡化处理
figure;
subplot(1,3,1);imshow(cat(3,r,zero,zero)); title('红色分量均衡化的图像');
subplot(1,3,2);imshow(cat(3,zero,g,zero)); title('绿色分量均衡化的图像');
subplot(1,3,3);imshow(cat(3,zero,zero,b)); title('蓝色分量均衡化的图像');
figure;
subplot(1,3,1);imhist(r); title('红色分量直方图');
subplot(1,3,2);imhist(g); title('绿色分量直方图');
subplot(1,3,3);imhist(b); title('蓝色分量直方图');
RGB_new= cat(3,r,g,b);                        % 将直方图均衡化后的三个分量图合成彩色图像
figure, imshow(RGB_new);
```

示例程序 5:对 HSV 图像的亮度分量进行直方图均衡化。

```
clc; clear all; close all;
I= imread('autumn.tif');                      % 读入图像
imshow(I);                                    % 显示原图像
hsv= rgb2hsv(I);                              % 将 RGB 图像转换成 HSV 图像
H= hsv(:,:,1);  S= hsv(:,:,2);  V= hsv(:,:,3); % 获取亮度、色调、饱和度分量图
V1= histeq(V);                                % 亮度分量进行直方图均衡化处理
h= cat(3,H,S,V1);                             % 合成新的 HSV 图像
f= hsv2rgb(h);                                % 将 HSV 图像转换成 RGB 图像
figure, imshow(f);                            % 显示合成的图像
```

示例程序 6:彩色图像的平滑处理。

```
clc; clear all; close all;
```

```
I= imread(' autumn.tif ');                            % 读入图像
I= imnoise(I,'gaussian', 0.2);                        % 添加高斯噪声
fr= I(:,:,1);    fg= I(:,:,2);    fb= I(:,:,3);      % 提取分量图
w= fspecial('average',5);                             % 定义均值滤波器
fR= imfilter(fr, w);                                  % 滤波处理
fG= imfilter(fg, w);
fB= imfilter(fb, w);
fcat= cat(3,fR,fG,fB);                                % 合成彩色图像
subplot(2,2,1);  imshow(I);
subplot(2,2,2);  imshow(fr);
subplot(2,2,3);  imshow(fg);
subplot(2,2,4);  imshow(fb);
figure, imshow(fcat);
```

示例程序 7:从 RGB 空间到 HSI 空间的转换。

```
function hsi= rgb2hsi(rgb)
rgb= im2double(rgb);
r= rgb(:,:,1);                                        % 提取分量图
g= rgb(:,:,2);
b= rgb(:,:,3);
num= 0.5* ((r- g)+ (r- b));                           % 空间转换
den= sqrt((r- g).^2+ (r- b).* (g- b));
theta= acos(num./(den+ eps));
H= theta;
H(b> g)= 2* pi- H(b> g);
H= H/(2* pi);
num= min(min(r,g),b);                                 % 求最小值
den= r+ g+ b;
den(den= = 0) = eps;                                  % 防止除数为零
S= 1- 3.* num./den;
H(S= = 0)= 0;
I= (r+ g+ b)/3;
hsi= cat(3,H,S,I);                                    % 合成彩色图像
```

示例程序 8:从 HSI 空间到 RGB 空间的转换。

```
function rgb= hsi2rgb(hsi)
H= hsi(:,:,1)* 2* pi;
S= hsi(:,:,2);
I= hsi(:,:,3);
R= zeros(size(hsi,1),size(hsi,2));
G= zeros(size(hsi,1),size(hsi,2));
B= zeros(size(hsi,1),size(hsi,2));
idx= find((0< = H)&(H< 2* pi/3));
B(idx)= I(idx).* (1- S(idx));
R(idx)= I(idx).* (1+ S(idx).* cos(H(idx))./cos(pi/3- H(idx)));
G(idx)= 3* I(idx)- (R(idx)+ B(idx));
idx= find((2* pi/3< = H)&(H< 4* pi/3));
R(idx)= I(idx).* (1- S(idx));
G(idx)= I(idx).* (1+ S(idx).* cos(H(idx)- 2* pi/3)./cos(pi- H(idx)));
```

```
B(idx)= 3* I(idx)- (R(idx)+ G(idx));
idx= find((4* pi/3< = H)&(H< = 2* pi));
G(idx)= I(idx).* (1- S(idx));
B(idx)= I(idx).* (1+ S(idx).* cos(H(idx)- 4* pi/3)./cos(5* pi/3- H(idx)));
R(idx)= 3* I(idx)- (G(idx)+ B(idx));
rgb= cat(3,R,G,B);
rgb= max(min(rgb,1),0);
```

5.3 实验指导

实验示例 5-1:从灰度到彩色映射的伪彩色增强

(1)实验内容

设计三种不同形式的变换函数作为红、绿、蓝变换器,将一幅输入的灰度图像分别送入这三种具有不同变换特性的变换器中,然后再将三个变换器的不同输出分别送到彩色显像管的红、绿、蓝电子枪,合成某种颜色。

(2)实验原理和方法

伪彩色处理的基本原理是将灰度图像的各个灰度级匹配到彩色空间中的一点,对灰度图像中不同的灰度级赋予不同的彩色。通常对输入像素的灰度采用不同形式的函数进行三个相互独立的变换,然后将这三个结果分别作为 RGB 模型的红、绿、蓝三基色进行合成,从而使灰度图像映射为彩色图像。由于三个变换函数对其实施了不同的变换,使得三个变换的输出结果不同,从而不同大小灰度级可能合成不同的颜色。由这种方法产生的彩色图像,它的颜色特征由转换函数的性质决定。

(3)参考程序

```
clc; clear all; close all;
I= imread('moongray.jpg');
I= double(I);    [m,n]= size(I);
L= 255;
for i= 1:m
    for j= 1:n
      if  I(i,j)< L/4              % 第一个灰度区间内的 R、G、B 取值
          R(i,j)= 0;
          G(i,j)= 4* I(i,j);
          B(i,j)= L;
      else if  I(i,j)< = L/2       % 第二个灰度区间内的 R、G、B 取值
          R(i,j)= 0;
          G(i,j)= L;
          B(i,j)= - 4* I(i,j)+ 2* L;
      else if  I(i,j)< = 3* L/4    % 第三个灰度区间内的 R、G、B 取值
          R(i,j)= 4* I(i,j)- 2* L;
          G(i,j)= L;
          B(i,j)= 0;
```

```
      else                          % 第四个灰度区间内的 R、G、B 取值
        R(i,j)= L;
        G(i,j)= - 4* I(i,j)+ 4* L;
        B(i,j)= 0;
       end
      end
    end
  end
end
for i= 1:m                  % 合成伪彩色图像
    for j= 1:n
        G2C(i,j,1)= R(i,j);
        G2C(i,j,2)= G(i,j);
        G2C(i,j,3)= B(i,j);
    end
end
G2C= G2C/255;
subplot(1,2,1);imshow(uint8(I)); title('灰度图像');
subplot(1,2,2);imshow(G2C); title('伪彩色图像');
```

(4)实验结果与分析

实验结果如图 1-5-2 所示。

(a) 灰度图像

(b) 伪彩色图像

图 1-5-2　伪彩色增强

在以上从灰度映射到彩色的伪彩色增强过程中，选择了三种不同形式的转换函数，将灰度定义域[0, L]划分为四个区间，即[0, L/4)、[L/4, L/2]、(L/2, 3L/4]、(3L/4, L]，每个区间上像素的 R、G、B 分量分别按不同的规则取值。根据这三种转换函数的曲线特性可以看出，变换后原灰度图像中灰度值等于 0 的像素呈现为蓝色，灰度值偏小的像素主要呈现为绿色，灰度值较大的像素主要呈现为红色。最后，得到由四种颜色构成的伪彩色图像。

实验示例 5-2：彩色图像的边缘检测

(1)实验内容

输入一幅彩色图像，采用梯度的方法检测彩色图像的边缘。

(2)实验原理和方法

对于灰度图像的边缘检测,可以使用梯度方法得到图像的边缘。若将彩色图像分解成三幅灰度分量图像,分别进行梯度检测后再加以合成,则不能得到正确的结果。彩色图像中每个彩色像素可以看作由若干个分量构成的一个向量,如 RGB 彩色空间上的每个像素点都可用于一个三维向量来表示:

$$\boldsymbol{C}(x,y)=\begin{bmatrix}C_R(x,y)\\C_G(x,y)\\C_B(x,y)\end{bmatrix}$$

并且可以通过定义向量的梯度来实现彩色图像边缘的检测。

令 r,g,b 是 RGB 彩色空间上沿 R、G、B 轴的单位向量,定义向量 $\boldsymbol{u}$ 和 $\boldsymbol{v}$ 如下:

$$\boldsymbol{u}=\frac{\partial R}{\partial x}\boldsymbol{r}+\frac{\partial G}{\partial x}\boldsymbol{g}+\frac{\partial B}{\partial x}\boldsymbol{b}$$

$$\boldsymbol{v}=\frac{\partial R}{\partial y}\boldsymbol{r}+\frac{\partial G}{\partial y}\boldsymbol{g}+\frac{\partial B}{\partial y}\boldsymbol{b}$$

分别计算它们的点积:

$$g_{xx}=\boldsymbol{u}\cdot\boldsymbol{u}=\left|\frac{\partial R}{\partial x}\right|^2+\left|\frac{\partial G}{\partial x}\right|^2+\left|\frac{\partial B}{\partial x}\right|^2$$

$$g_{yy}=\boldsymbol{v}\cdot\boldsymbol{v}=\left|\frac{\partial R}{\partial y}\right|^2+\left|\frac{\partial G}{\partial y}\right|^2+\left|\frac{\partial B}{\partial y}\right|^2$$

$$g_{xy}=\boldsymbol{u}\cdot\boldsymbol{v}=\frac{\partial R}{\partial x}\frac{\partial R}{\partial y}+\frac{\partial G}{\partial x}\frac{\partial G}{\partial y}+\frac{\partial B}{\partial x}\frac{\partial B}{\partial y}$$

$\boldsymbol{C}(x,y)$ 的最大变化率方向角度为:

$$\theta(x,y)=\frac{1}{2}\arctan\left[\frac{2g_{xy}}{(g_{xx}-g_{yy})}\right] \tag{1-5-1}$$

该方向上的梯度值为:

$$F_\theta(x,y)=\left\{\frac{1}{2}\left[(g_{xx}+g_{yy})+(g_{xx}-g_{yy})\cos 2\theta+2g_{xy}\sin 2\theta\right]\right\}^{+}$$

说明:正切函数的周期为 π,即 $\tan(\theta)=\tan(\theta\pm\pi)$,若 θ_0 是式(1-5-1)的一个解,则 $\theta_0+\frac{\pi}{2}$ 也是它的解。基于这两个角度值会有两个梯度值,应取其中最大的一个梯度值作为该点的梯度。偏导数 g_{xx}、g_{yy}、g_{xy} 可以用 sobel 算子来计算。

(3)参考程序

```
clc; clear all; close all;
rgb= imread('penguin.jpg');
Hh= fspecial('sobel');   % 构造 x 方向 sobel 算子
Hv= Hh;                  % 构造 y 方向 sobel 算子
Rx= imfilter(double(rgb(:,:,1)), Hh,'replicate');   % 对红色分量进行 x 方向滤波
Ry= imfilter(double(rgb(:,:,1)), Hv,'replicate');   % 对红色分量进行 y 方向滤波
Gx= imfilter(double(rgb(:,:,2)), Hh,'replicate');   % 对绿色分量进行 x 方向滤波
Gy= imfilter(double(rgb(:,:,2)), Hv,'replicate');   % 对绿色分量进行 y 方向滤波
Bx= imfilter(double(rgb(:,:,3)), Hh,'replicate');   % 对蓝色分量进行 x 方向滤波
By= imfilter(double(rgb(:,:,3)), Hv,'replicate');   % 对蓝色分量进行 y 方向滤波
```

```
gxx= Rx.^2+ Gx.^2+ Bx.^2;                              % 计算 u 的模
gyy= Ry.^2+ Gy.^2+ By.^2;                              % 计算 v 的模
gxy= Rx.* Ry+ Gx.* Gy+ Bx.* By;                        % 计算 u 与 v 的点积
theta= 0.5* (atan(2* gxy./(gxx- gyy+ eps)));           % 计算变化率最大的方向
G1= 0.5* ((gxx+ gyy)+ (gxx- gyy).* cos(2* theta)+ 2* gxy.* sin(2* theta));
                                                       % 计算变化率最大方向梯度的幅度
theta= theta+ pi/2;                     % 由于 tan 函数的周期性,旋转 90 再次计算
G2= 0.5* ((gxx+ gyy)+ (gxx- gyy).* cos(2* theta)+ 2* gxy.* sin(2* theta));
G1= G1.^0.5;    G2= G2.^0.5;
grad= mat2gray(max(G1, G2));                           % 取两个幅值的最大值
subplot(1,2,1); imshow(rgb);title('彩色图像');
subplot(1,2,2); imshow(grad); title('边缘检测');
```

(4)实验结果与分析

实验结果如图 1-5-3 所示：

(a) 彩色图像

(b) 边缘检测

图 1-5-3　彩色图像的边缘检测

基于彩色分量的处理方式适合于对彩色图像进行滤波等操作,而基于彩色向量的处理方式适合于需要计算梯度和距离等场合。由于以上实现过程中要求计算图像的梯度及模长等,故使用彩色向量作为计算对象,从实验结果可以看出,对各方向的边缘像素点都能够较为准确地进行定位,彩色图像的边缘检测效果较好,检测的边缘部分连续完整,细节丰富。

5.4　实验项目

实验项目 5-1：HSV 图像的空域平滑和锐化

(1)实验目的

① 理解图像模型的基本概念。

② 掌握不同颜色空间之间的转换方法。

③ 掌握彩色图像空域滤波的基本原理及方法。

(2)实验内容

输入一幅 RGB 彩色图像,并转换到 HSV 彩色空间。在 HSV 彩色空间中,对 H 分量图像分别进行平滑处理和锐化处理,最后再转换回 RGB 彩色空间观察效果。

实验项目 5-2：灰度图像频率域伪彩色增强

(1)实验目的

① 了解频域伪彩色处理的基本原理。

② 掌握频域滤波器的设计方法。

③ 掌握彩色图像的分通道处理方法。

(2)实验内容

将一幅灰度图像进行傅里叶变换到频率域，在频率域上分别采用低通、带通和高通三种滤波器，把灰度图像分成低频、中频和高频三个频率域分量，然后分别对它们进行逆傅里叶变换，接着对得到的三幅单色图像作直方图均衡化处理，最后将它们作为 R、G、B 三基色分量合成彩色图像。

第 6 章

图像形态学处理 «‹

6.1 知识要点

1. 基本概念

(1)形态学处理

图像的形态学处理是建立在严格数学理论基础上的一种方法,集合论是它的数学基础。其基本思想是用具有一定形态的结构元素去度量和提取图像中的对应形状以达到对图像分析和识别的目的。当结构元在图像中不断漫游时,便可考察图像各个部分间的相互关系,从而了解图像各个部分的结构特征。它的基本运算包括:腐蚀、膨胀、开运算和闭运算。

(2)集合论

在数字图像的形态学运算中,把一幅图像看作一个集合,集合之间的运算关系主要有并集、交集、补集、差集等。

- 属于关系($\in$):设有图像集合 A ,如果点 a 是 A 的元素,那么记为 $a \in A$ 。
- 包含关系($\subset$):设有图像集合 A 和 B ,对于 A 中的任意一个元素 a ,都有 $a \in B$,则称 A 包含于 B ,记为 $A \subset B$ 。
- 并集($\cup$):两个图像集合 A 和 B 的所有元素组成的集合称为它们的并集,记为 $A \cup B = \{a \mid a \in A$ 或 $a \in B\}$ 。
- 交集($\cap$):两个图像集合 A 和 B 的公共元素组成的集合称为它们的交集,记为 $A \cap B = \{a \mid a \in A$ 且 $a \in B\}$ 。
- 补集(A^c):设有图像集合 A ,由所有不属于 A 的元素构成的集合称为 A 的补集,记为 A^c。
- 差集($-$):设有图像集合 A 和 B ,由属于 A 但不属于 B 的元素构成的集合称为 A 与 B 的差集,记为 $A - B$ 。

集合之间的关系如图 1-6-1 所示。

(3)平移与反射

设有图像集合 A , $a \in A$, z 是一个平移量,则定义 A 被 z 平移后的结果为 $(A)_z = \{c \mid c = a + z, a \in A\}$ 。

设有图像集合 B ,将 B 中所有元素的坐标取反后得到的集合称为 B 的反射集,表示为 $\hat{B} = \{\omega \mid \omega = -b, b \in B\}$ 。

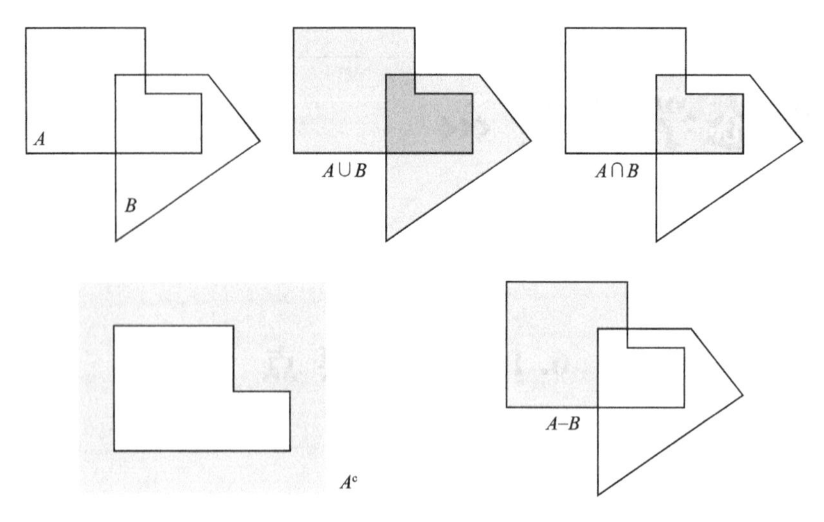

图 1-6-1　集合关系图

(4)结构元

结构元通常是一些比较小的图像,它的形状、大小任意。二维结构元是由数值 0 和 1 组成的矩阵,三维结构元用数值 0 和 1 定义 xy 平面,用高度值定义第三维,结构元中数值为 1 的点决定结构元的邻域像素在进行膨胀或腐蚀操作时是否参与计算。每个结构元可以指定一个原点,它是结构元参与形态学运算的参考点。

在进行形态学图像处理过程中使用结构元在图像中漫游,类似于图像滤波的卷积运算方式,只是以逻辑运算代替卷积的乘加运算。形态学处理的效果由结构元的形态(形状、大小)、内容和逻辑运算的性质决定。

2. 二值图像形态学

(1)腐蚀

设 A 为图像集合,B 为结构元集合,集合 A 被集合 B 腐蚀定义为:$A\Theta B=\{c\mid(B)_c\subseteq A\}$。

也就是说,使用结构元 B 对图像 A 进行腐蚀后得到的图像是满足以下条件的点 c 所构成的集合:以点 c 为原点的结构元 B 完全包含于集合 A 之中。

用途:

① 消除图像的边界点,使图像边界向内部收缩。

② 去掉图像中的粘连,将连接的部分分离开来。

③ 消除图像中的细节,起到滤波的作用。

(2)膨胀

设 A 为图像集合,B 为结构元集合,集合 A 被集合 B 膨胀定义为:$A\oplus B=\{c\mid(B)_c\cap A\neq\Phi\}$。

也就是说,使用结构元 B 对图像 A 进行膨胀后得到的图像是满足以下条件的点 c 所构成的集合:以点 c 为原点的结构元 B 与集合 A 的交集非空。

用途：

①合并图像周边的点到图像之中，使图像边界向外部扩张。

②桥接图像中的断裂缝，修复有残缺的图像。

③填补图像中的空洞部分。

(3)开运算

设 A 为图像集合，B 为结构元集合，集合 A 对集合 B 的开运算定义为

$$A^{\circ}B = (A\Theta B) \oplus B$$

开运算过程是使用结构元 B 对图像 A 先进行腐蚀操作，然后再使用结构元 B 对腐蚀结果进行膨胀操作。

开运算的作用主要是除去图像中孤立的小点，去掉细的突出，能平滑图像的轮廓，分离图像中的粘连部分，消弱狭窄的部分，而基本上保持图像的大小不变。

(4)闭运算

设 A 为图像集合，B 为结构元集合，集合 A 对集合 B 的闭运算定义为

$$A \cdot B = (A \oplus B)\Theta B$$

闭运算过程是使用结构元 B 对图像 A 先进行膨胀操作，然后再使用结构元 B 对膨胀结果进行腐蚀操作。

闭运算可以弥合图像中狭窄的间断和细长的沟壑、消除小的空洞、填充轮廓线中的裂痕，同时基本上保持图像的大小不变。

3. 灰度图像形态学

二值形态学基本运算可以扩展到灰度图像。与二值形态学不同的是，灰度形态学运算中的操作对象不再看作集合而是看作灰度数字图像。设 $f(x,y)$ 是待处理图像，$b(x,y)$ 是结构元，且 $f(x,y)$ 和 $b(x,y)$ 是对每一个像素点 (x,y) 赋值以灰度值的函数。二值形态学中用到的交和并运算在灰度形态学中分别用最大极值和最小极值运算代替。

(1)灰度腐蚀

在灰度图像中，用结构元 $b(x,y)$ 对图像 $f(x,y)$ 进行灰度腐蚀运算定义为

$$(f\Theta b)\ (s,t) = \min\{f(s+x,t+y) - b(x,y) \mid (s+x),(t+y) \in D_f,(x,y) \in D_b\}$$

式中：D_f 和 D_b 分别表示 $f(x,y)$ 和 $b(x,y)$ 的定义域，x 和 y 必须在结构元 $b(x,y)$ 的定义域之内，平移参数 $(s+x)$ 和 $(t+y)$ 必须在 $f(x,y)$ 的定义域之内。

运算特点：灰度腐蚀运算是逐点进行计算的，求一点的腐蚀运算是计算该点局部范围内各点与结构元中对应点的灰度值之差，并取其中的最小值作为该点的腐蚀结果。经腐蚀运算后，图像边缘上具有较大灰度值的点的灰度会降低，边缘会向灰度值高的区域内部收缩。

(2)灰度膨胀

在灰度图像中，用结构元 $b(x,y)$ 对图像 $f(x,y)$ 进行灰度膨胀运算定义为

$$(f \oplus b)\ (s,t) = \max\{f(s+x,t+y) + b(x,y) \mid (s+x),(t+y) \in D_f,(x,y) \in D_b\}$$

式中：D_f 和 D_b 分别表示 $f(x,y)$ 和 $b(x,y)$ 的定义域，x 和 y 必须在结构元 $b(x,y)$ 的定义域之内，平移参数 $(s+x)$ 和 $(t+y)$ 必须在 $f(x,y)$ 的定义域之内。

运算特点:灰度膨胀运算是逐点进行计算的,求一点的膨胀运算是计算该点局部范围内各点与结构元中对应点的灰度值之和,并取其中的最大值作为该点的膨胀结果。经膨胀运算后,图像边缘部分得到了延伸。

(3)灰度开运算

用结构元 $b(x,y)$ 对图像 $f(x,y)$ 进行灰度开运算定义为

$$f^{\circ}b = (f\Theta b) \oplus b$$

灰度图像中开运算与二值图像的开运算过程类似,开运算可以去除比结构元更小的明亮细节。

(4)灰度闭运算

用结构元 $b(x,y)$ 对图像 $f(x,y)$ 进行灰度闭运算定义为

$$f \bullet b = (f \oplus b)\Theta b$$

灰度图像中闭运算与二值图像的闭运算过程类似,闭运算可以去除比结构元更小的暗色细节。

6.2 相关函数及示例程序

1. strel()函数

strel()函数用于创建任意形状和大小的结构元。结构元可分为两类:平面结构元和非平面结构元,平面结构元用于二值形态学处理,而平面结构元和非平面结构元均可用于灰度形态学处理,其使用格式如下。

se= strel(shape, parameters):参数 shape 指定结构元的形状,参数 parameters 一般控制结构元的大小。

参数 shape 常用的取值为:

• 'square':创建一个平面的方形结构元,如 se = strel('square', w),w 为边长。

• 'rectangle':创建一个平面的矩形结构元,如 se = strel('rectangle', [m, n]),m 和 n 分别为矩形的高度和宽度。

• 'diamond':创建一个平面的菱形结构元,如 se = strel('diamond ', r),r 为从结构元原点到菱形的最远点的距离。

• 'octagon':创建一个平面的八边形结构元,如 se = strel('octagon ', r),r 为从结构元原点到八边形的边的距离。

• 'disk':创建一个平面的圆盘结构元,如 se = strel('disk ', r),r 为半径。

• 'line':创建一个平面的线性结构元,如 se = strel('line ',l, d),l 为线长度,d 为线角度(从水平轴起逆时针方向)。

• 'arbitrary':创建一个平面或非平面的结构元,如 se = strel('arbitrary',nhood),创建一个任意形状的平面结构元,nhood 是由 0 和 1 组成的矩阵,1 的位置定义了邻域的形态学操作。或 se = strel('arbitrary', nhood, height),创建一个任意形状的非平面结构元,height 是一个与

nhood 同样大小的矩阵，它指定了 nhood 中非零元素的高度值。参数'arbitrary'可以省略。

- 'ball'：创建一个非平面的空间椭球状结构元，如 se = strel('ball', r, h)，r 为 xy 平面半径，h 为高度。

2. imerode( )函数

imerode()函数用于对输入图像进行腐蚀操作，其使用格式如下。

- im2 = imerode(im, se)：im 是输入图像，se 是结构元，im2 是腐蚀得到的输出图像。
- im2 = imerode(im, nhood)：im 是输入图像，nhood 是自定义结构元邻域 0 和 1 的矩阵，用于表示结构元的邻域，im2 是腐蚀得到的输出图像。
- im2 = imerode(im, se, packopt)：im 是输入图像，se 是结构元，packopt 用来说明输入图像是否为打包的二值图像（二进制图像），packopt 的取值为 ispacked 或 notpacked，im2 是腐蚀得到的输出图像。
- im2 = imerode(...,shape)：shape 用来指定是输入图像的大小，shape 的取值为'same'（默认值）或'full'，当 shape 为'same'时，输出图像与输入图像的大小相同。如果 packopt 的取值为 ispacked，则 shape 取值只能为'same'。当 shape 取值为'full'时，将对原图像进行全面的腐蚀操作。im2 是腐蚀得到的输出图像。

3. imdilate( )函数

imdilate()函数用于对输入图像进行膨胀操作，其使用格式如下。

- im2 = imdilate(im, se)
- im2 = imdilate(im, nhood)
- im2 = imdilate(im, se, packopt)
- im2 = imdilate (...,shape)

其中，各个参数的含义与 imerode()函数的参数含义相同。

4. imopen( )函数

imopen()函数用于对输入图像进行开运算操作，其使用格式如下。

- im2 = imopen(im, se)：im 是输入图像，se 是结构元，im2 是开运算得到的输出图像。
- im2 = imopen(im, nhood)：im 是输入图像，nhood 是自定义结构元邻域 0 和 1 的矩阵，用于表示结构元的邻域，im2 是开运算得到的输出图像。

5. imclose( )函数

imclose()函数用于对输入图像进行闭运算操作，其使用格式如下。

- im2 = imclose(im, se)
- im2 = imclose(im, nhood)

其中，各个参数的含义与 imopen()函数的参数含义相同。

6. imfill( )函数

imfill()函数用于填充图像区域和“空洞”，其使用格式如下。

- im2 = imfill(im)：当输入图像 im 是二值图像时，以交互方式进行操作，即用户使用鼠标在显示的图像上点几个点围出一个区域，然后对这个区域进行填充，用户可以通过按 Backspace 键或者 Delete 键取消之前选择的区域，通过 Shift＋单击或右击或双击可以确定选择区域。当输入图像 im 是灰度图像时，将填充灰度图像中所有的空洞区域。
- im2 = imfill(im, 'holes')：im 是输入图像，填充图像中的空洞区域。如黑色的背景上有个白色的圆圈，则这个圆圈内区域将被填充。

7. bwperim( )函数

bwperim()函数用于提取二值图像的边界，其使用格式如下。

- im2 = bwperim(im)
- im2 = imwmorph(im, conn)

其中，im 是输入图像，conn 是连接属性，对二维图像 conn 取值为 4 邻域或 8 邻域(默认值为 8)，对三维图像 conn 取值为 6 邻域、18 邻域或 26 邻域(默认值为 26)，im2 是输入图像的边界。

8. bwmorph( )函数

bwmorph()函数用于对二值图像进行形态学处理，其使用格式如下。

- im2 = bwmorph(im, operation)
- im2 = imwmorph(im, operation, n)

其中，im 是输入的二值图像，operation 是可以进行的操作，n 是执行该操作的次数，可以是 Inf(无穷大)，这意味着将一直对输入图像做同样的形态学操作直到图像不再发生变化。im2 是原图像经过 n 次操作后得到的输出图像。

参数 operation 的常用取值为：

- 'bothat'：执行形态学的“底帽”操作，即返回闭运算减去原图像的图像。
- 'branchpoints'：找到骨架中的分支点。例如：

```
0 1 0        0 0 0
1 1 1  变成  0 1 0
0 1 0        0 0 0
```

- 'bridge'：进行像素连接操作，连接断开的像素。如果一个 0 值像素周围有两个非零的不相连(8 邻域)的像素，则将此 0 值像素置 1。例如：

```
1 0 0        1 1 0
1 0 1  变成  1 1 1
0 0 1        0 1 1
```

- 'clean'：去除图像中孤立的亮点，如一个 1 值像素其周围像素的值全为 0，则这个孤立的亮点将被去除。
- 'close'：执行形态学闭操作。
- 'open'：执行形态学开操作。
- 'diag'：用对角线填充来消除背景中的 8 连通区域。例如：

```
0 1 0        0 1 0
```

```
1 0 0 变成 1 1 0
0 0 0      0 0 0
```

- 'dilate':用结构元 ones(3)执行膨胀操作。
- 'erode':用结构元 ones(3)执行腐蚀操作。
- 'endpoints':找到骨架中的终点。
- 'fill':填充孤立的内部像素点(被 1 包围的 0),例如:

```
1 1 1
1 0 1
1 1 1
```

- 'hbreak':移除 H 连通的像素点。例如:

```
1 1 1      1 1 1
0 1 0 变成 0 0 0
1 1 1      1 1 1
```

- 'majority':如果某像素点的 3×3 邻域中有 5 个以上像素值为 1,则将该像素置 1,否则置 0。
- 'remove':移除内部像素。如果一个像素点的 4 邻域都为 1,则该像素点将被置 0,仅留下边缘像素。
- 'shrink':当 n = Inf 时,反复做收缩运算,没有孔洞的目标缩成一个点,有孔洞的目标缩成一个连通环。
- 'skel':当 n = Inf 时,反复移除目标的边界像素,但保持图像中物体不发生断裂,保留下来的像素组成图像的骨架。
- 'spur':消除图像中的毛刺(孤立)像素。
- 'thicken':当 n = Inf 时,反复对图像进行粗化操作。
- 'thin':n = Inf 时,反复对图像进行细化操作。
- 'tophat':执行形态学"顶帽"操作,即返回源图像减去开运算的图像。

示例程序 1:二值图像的腐蚀和膨胀。

```
clc; clear all; close all;
Ibw= imread('circles.png');                 % 读入二值图像
se= strel('square',5);                      % 创建 5×5 方形结构元
Ierode= imerode(Ibw,se);                    % 腐蚀操作
Idilate= imdilate(Ibw,se);                  % 膨胀操作
subplot(131); imshow(Ibw); title('原图像');
subplot(132); imshow(Ierode); title('腐蚀后的图像');
subplot(133); imshow(Idilate); title('膨胀后的图像');
```

示例程序 2:灰度图像的腐蚀和膨胀。

```
clc; clear all; close all;
Igray= imread('cameraman.tif');             % 读入灰度图像
se=  strel('ball',5,6);                     % 创建空间椭球状结构元
Ierode= imerode(Igray,se);                  % 腐蚀操作
Idilate= imdilate(Igray,se);                % 膨胀操作
```

```
subplot(131); imshow(Igray); title('原图像');
subplot(132); imshow(Ierode); title('腐蚀后的图像');
subplot(133); imshow(Idilate); title('膨胀后的图像');
```

示例程序3:二值图像的开运算和闭运算。

```
clc; clear all; close all;
Ibw= imread('circbw.tif');                    % 读入二值图像
se= strel('rectangle',[20, 30]);              % 创建20×30矩形结构元
Iopen= imopen(Ibw,se);                        % 对图像进行开运算
Iclose= imclose(Ibw,se);                      % 对图像进行闭运算
subplot(131); imshow(Ibw); title('原图像');
subplot(132); imshow(Iopen); title('开运算后的图像');
subplot(133); imshow(Iclose); title('闭运算后的图像');
```

示例程序4:灰度图像的开运算和闭运算。

```
clc; clear all; close all;
Igray= imread('lena.jpg');                    % 读入灰度图像
se= strel('disk',6);                          % 创建半径为6圆盘结构元
Iopen= imopen(Igray,se);                      % 对图像进行开运算
Iclose= imclose(Igray,se);                    % 对图像进行闭运算
subplot(131); imshow(Ibw); title('原图像');
subplot(132); imshow(Iopen); title('开运算后的图像');
subplot(133); imshow(Iclose); title('闭运算后的图像');
```

示例程序5:图像空洞填充。

```
clc; clear all; close all;
I= imread('circle.png');                      % 读入图像
Ifill= imfill(I,'holes');                     % 填充空洞
subplot(121); imshow(I); title('原图像');
subplot(122); imshow(Ifill); title('填充后的图像');
```

示例程序6:图像边界提取。

```
clc; clear all; close all;
Ibw= imread('circle.png');                    % 读入二值图像
Iperim= bwperim(Ibw, 8);                      % 边界提取
subplot(121); imshow(Ibw); title('原图像');
subplot(122); imshow(Iperim); title('原图像的边界');
```

或

```
clc; clear all; close all;
Igray= imread('cameraman.tif');               % 读入灰度图像
Ibw= im2bw(Igray);                            % 灰度图像转换为二值图像
se= strel('square',5);                        % 创建5×5方形结构元
Ierode= imerode(Ibw, se);                     % 腐蚀操作
Iperim= Ibw- Ierode;                          % 求差提取边界
subplot(131); imshow(Igray); title('原图像');
subplot(132); imshow(Ierode); title('原图像经腐蚀后的图像');
subplot(133); imshow(Ipreim); title('原图像的边界');
```

示例程序7:图像骨架抽取。

```
clc; clear all;  close all;
```

```
Ibw = imread('circbw.tif');             % 读入二值图像
Imorph = bwmorph(Ibw, 'skel', Inf);     % 骨架抽取
subplot(121); imshow(Ibw); title('原图像');
subplot(122); imshow(Imorph); title('原图像的边界');
```

示例程序 8:图像的细化与粗化处理。

```
clc; clear all;  close all;
Ibw = imread('text.png');               % 读入二值图像
Ithin =  bwmorph(I, 'thin', Inf);       % 原图像细化
Ithicken =  bwmorph(I, 'thicken ', Inf);% 原图像粗化
subplot(131); imshow(Ibw); title('原图像');
subplot(132); imshow(Ithin); title('细化后的图像');
subplot(133); imshow(Ithicken); title('粗化后的图像');
```

6.3 实验指导

实验示例 6-1: 不同结构元的腐蚀效果

(1)实验内容

输入一幅二值图像,设计不同的形态学结构元对二值图像进行腐蚀操作,对处理结果进行比较分析。

(2)实验原理和方法

形态学的腐蚀操作能够消融图像的边界,其得到的腐蚀结果与图像本身和结构元的形状、大小有关。如果被处理的图像整体大于结构元图像,腐蚀的结果会使被处理图像变小,而被腐蚀掉的部分有多大是取决于结构元的;如果被处理的图像小于结构元,则腐蚀后图像将消失;如果图像中仅有部分区域小于结构元(如细小的粘连),则腐蚀后图像会在粘连部分断裂而分离。

(3)参考程序

```
clc; clear all;  close all;
I=  imread('erode_dilate.bmp');        % 读入二值图像
se1 =  strel('square', 3);             % 创建 3×3 的方形结构元
Ide1= imerode(I, se1);                 % 腐蚀操作
se2= strel([0 1 0; 1 1 1; 0 1 0]);     % 创建 3×3 的十字形结构元
Ide2= imerode(I, se2);
se3 =  strel([0 0 1 0 0;0 0 1 0 0; 1 1 1 1 1; 0 0 1 0 0;0 0 1 0 0]);    % 5×5 的十字形结构元
Ide3= imerode(I, se3);
se4 =  strel('square', 5);             % 创建 5×5 的方形结构元
Ide4= imerode(I, se4);
se5 =  strel('square', 7);             % 创建 7×7 的方形结构元
Ide5= imerode(I, se5);
subplot(321); imshow(I); title('原图像');
subplot(322); imshow(Ide1); title('经 3×3 的方形结构元腐蚀的图像');
subplot(323); imshow(Ide2); title('经 3×3 的十字形结构元腐蚀的图像');
subplot(324); imshow(Ide3); title('经 5×5 的十字形结构元腐蚀的图像');
subplot(325); imshow(Ide4); title('经 5×5 的方形结构元腐蚀的图像');
```

```
subplot(326); imshow(Ide5); title('经 7×7 的方形结构元腐蚀的图像');
```

(4)实验结果与分析

实验结果如图 1-6-2 所示。

(a) 原图像

(b) 经3×3的方形结构元腐蚀的图像

(c) 经3×3的十字形结构元腐蚀的图像

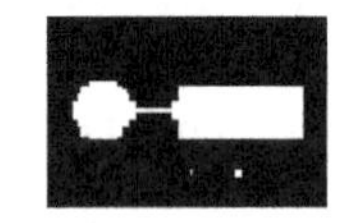

(d) 经5×5的十字形结构元腐蚀的图像

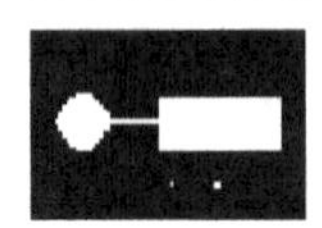

(e) 经5×5的方形结构元腐蚀的图像

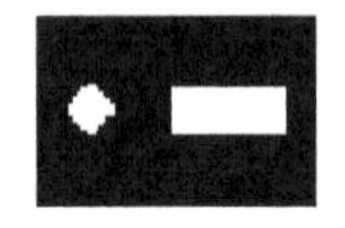

(f) 经7×7的方形结构元腐蚀的图像

图 1-6-2 腐蚀操作

原图像经过 3×3 的方形结构元腐蚀后,图像中的十字形物体完全消失,其余部分物体的边界均缩小了 1 个像素;结构元换成 3×3 的十字形结构元后,原图像中的十字形物体缩小至 1 个像素;采用 5×5 的十字形结构元腐蚀后,图像中的所有物体进一步缩小,小于这个结构元的物体完全消失;采用 5×5 的方形结构元也有相似的结果;原图像经过 7×7 的方形结构元腐蚀之后,只保留了两个较大的物体,这两个物体之间的细长连接也已断开。实验结果表明,在图像的腐蚀操作过程中,采用的结构元越大,图像中小的物体消失的越多,因此,选择适当大小和形状的结构元,可以滤掉图像中的许多噪声和细节。

实验示例 6-2:基于形态学的图像检测

(1)实验内容

对图 1-6-3 所示的含细胞的灰度图像,应用图像的形态学处理方法,检测出图像中所包含的全部细胞。

(2)实验原理和方法

形态学方法可以应用于图像中物体的检测,当物体与背景的灰度值有较为明显的差异时,物体可以比较容易地被检测出来。以上图像中的细胞对象在视觉上清晰可见,可以从背景中加以检测分离。因为膨胀操作可以扩充图像的细节部分,故常用于修补残缺的图像。利用形态学的空洞填充函数能够填充图像中空洞的原理,得到较完整的细胞轮廓。腐蚀操作能够平滑图像中比结构元小的斑点噪声,并且总体上保留较大的物体不消失。

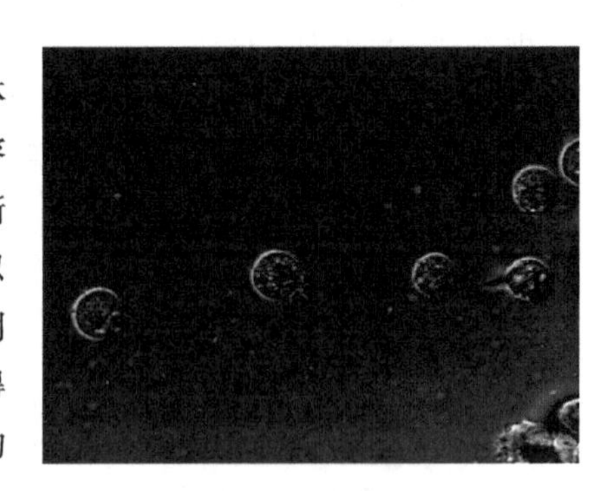

图 1-6-3 细胞图像

(3)参考程序

```
clc; close all; clear all;
Igray= imread('Atm.tif');                          % 读入灰度图像
BWm= edge(Igray,'sobel');                          % 提取图像边缘
se90= strel('line',3,90);                          % 创建 4 个不同方向的线性结构元
se45= strel('line',3,45);
sem45=  strel('line',3,- 45);
se0= strel('line',3,0);
BWmdil= imdilate(BWm,[se90 se45sem45 se0]);        % 4 个方向的膨胀操作
BWmfill= imfill(BWmdil,'holes');                   % 填充空洞
se1= strel('diamond', 3);                          % 创建菱形结构元
BWfinal_1= imerode(BWmfill,se1);                   % 用菱形结构元实施两次腐蚀操作
BWfinal_2= imerode(BWfinal_1,se1);
se2= strel('disk',5);                              % 创建半径为 5 的圆盘结构元
BWfinal= imclose(BWfinal_2,se2);                   % 对腐蚀图像进行闭运算
Iout= BWfinal -  imerode(BWfinal,ones(3,3));       % 形态学提取图像边缘
Iout= im2double(Igray* 2)+ Iout;                   % 获取检测后的图像
subplot(321);imshow(Igray);        title('原图像');
subplot(322);imshow(BWm);          title('原图像边缘');
subplot(323);imshow(BWmdil);       title('经线性膨胀的图像');
subplot(324);imshow(BWmfill);      title('对线性膨胀图像进行填充');
subplot(325);imshow(BWfinal_2);    title('经两次腐蚀的图像');
subplot(326);imshow(BWfinal);      title('对腐蚀图像作闭运算操作');
figure, imshow(Iout,[ ]);          title('灰度形态学的检测效果');
```

(4)实验结果与分析

实验结果如图 1-6-4 所示。

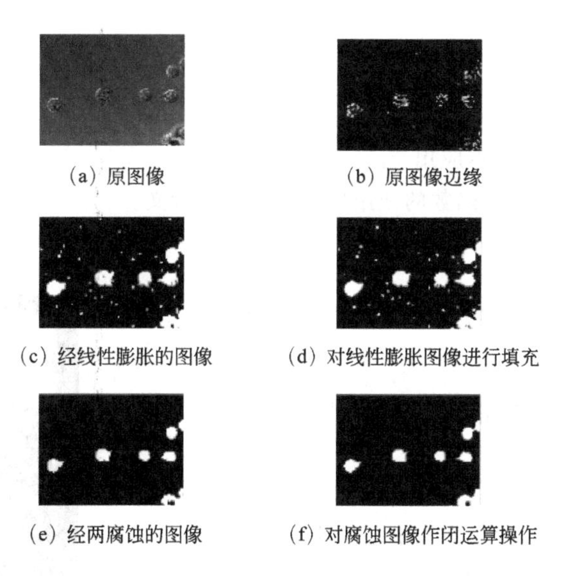

(a) 原图像　(b) 原图像边缘　(c) 经线性膨胀的图像　(d) 对线性膨胀图像进行填充　(e) 经两腐蚀的图像　(f) 对腐蚀图像作闭运算操作

图 1-6-4　形态学图像检测

灰度形态学的检测效果如图 1-6-5 所示。

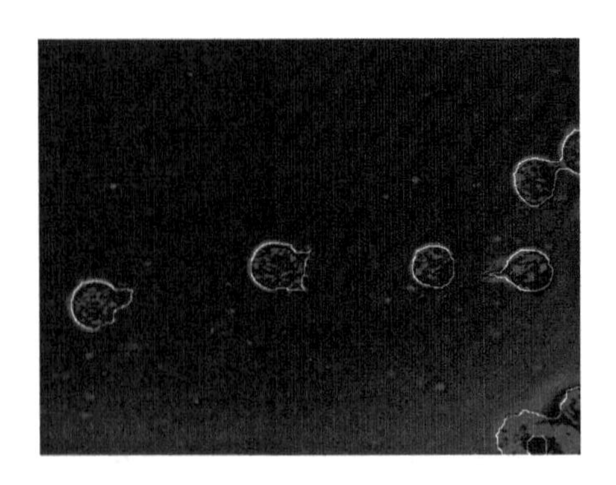

图 1-6-5　形态学检测效果

首先通过梯度方法对原图像进行滤波检测得到细胞对象的二值边缘，然而它存在许多散点不能呈现完整的细胞轮廓。采用4个不同方向的线性结构元进行膨胀操作后，聚集在附近的大多数散点连接形成了一个较为充实的区域，但可以看到这些细胞区域内部还存在一些小的空洞，因此，调用形态学的空洞填充函数对这些区域中的空洞进行填充。由于膨胀操作可以扩充图像的细节，从实验结果可以看出，在原图像中原先不明显的一些浅色小斑块经二值线性膨胀后显得比较突出，在实施了两次腐蚀操作后，基本上消除这些斑点噪声。为了弥补腐蚀操作被平滑滤掉的部分像素，对腐蚀图像进行闭运算得到轮廓相对完整的细胞图。最后，提取细胞图像的边界，并与原图像进行融合，取得较为理想的检测效果。

6.4　实验项目

实验项目6-1：二值图像的细化与骨架提取

(1)实验目的

① 理解图像的细化和骨架等基本概念。

② 了解形态学方法的基本应用。

③ 掌握形态学 bwmorph 函数的使用格式及参数的含义。

(2)实验内容

用形态学方法消除以下给定图像的内部像素点，抽取图像的骨架和细化图像。

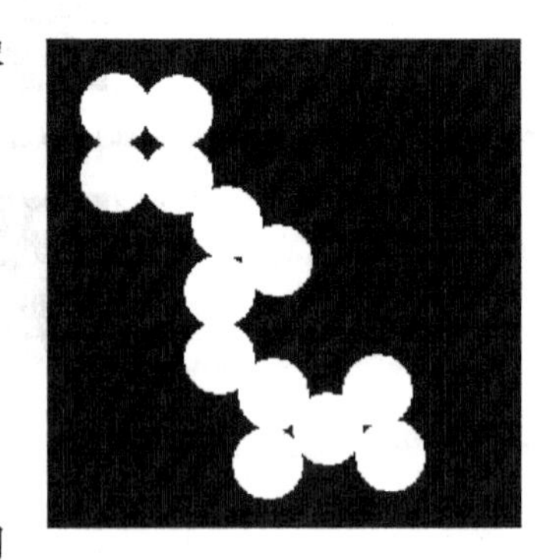

图 1-6-6　实验图像

实验项目6-2：图像的腐蚀与膨胀操作

(1)实验目的

① 理解图像的形态学处理方法的基本原理。

② 了解图像形态学处理的基本算法。

③ 掌握图像腐蚀\膨胀函数和开运算\闭运算函数的使用方法。

(2)实验内容

① 去除以下图像中的矩形区域外的噪声,并填充矩形区域内部。

② 采用不同的形态学结构元改善以下含噪声指纹图像(见图 1-6-7 和图 1-6-8)的质量,并比较使用不同结构元的处理结果。

图 1-6-7　实验图像

图 1-6-8　实验图像

第7章 图像分割 ‹‹‹

7.1 知识要点

1. 基础知识

(1)图像分割的概念

图像分割是指将一幅图像分解成若干互不交叠的有意义且具有相同性质的区域。

(2)图像分割应具备的特性

- 分割的区域对某种特性(灰度、颜色、纹理等)而言具有相似性,区域内部是连通的且没有小孔。
- 相邻区域存在着明显的差异。
- 区域边界是明确的。

(3)图像分割的主要方法

- 基于边缘的分割方法。
- 基于阈值的分割方法。
- 基于区域的分割方法。
- 基于特定理论的分割方法。

2. 基于边缘的图像分割

(1)边缘检测

- Roberts边缘检测算子又称交叉微分算子,它是基于交叉差分的梯度计算方法,通过局部差分寻找边缘,两个卷积核分别为 $\boldsymbol{G}_x=\begin{bmatrix}1 & 0\\0 & -1\end{bmatrix}$,$\boldsymbol{G}_y=\begin{bmatrix}0 & 1\\-1 & 0\end{bmatrix}$。Roberts算子边缘定位精度较高,当图像边缘接近于$+45°$或$-45°$时,该算法处理效果更理想,其缺点是容易丢失一部分边缘,同时由于没经过图像平滑计算,因此不具备抑制噪声能力。该算子对具有陡峭的低噪声图像响应最好,常用来处理具有陡峭边缘且噪声低的图像。
- Sobel边缘检测算子是一种结合了高斯平滑和微分求导的梯度计算方法,横向和纵向的两个卷积核分别为 $\boldsymbol{G}_x=\begin{bmatrix}-1 & 0 & 1\\-2 & 0 & 2\\-1 & 0 & 1\end{bmatrix}$,$\boldsymbol{G}_y=\begin{bmatrix}1 & 2 & 1\\0 & 0 & 0\\-1 & -2 & -1\end{bmatrix}$。

Sobel 算子根据像素点上下、左右邻点灰度加权差，其中一个核对垂直边缘响应最大而另一个对水平边缘响应最大，将两个卷积的最大值作为该像素点的输出值，即 $|G(x,y)| = \max(|G_x|,|G_y|)$。Sobel 算子很容易在空间上实现，对噪声具有平滑作用，提供较为精确的边缘方向信息，但同时也会检测出伪边缘，检测出的边缘容易出现多像素宽度。当对精度要求不是很高时，Sobel 算子是一种较为常用的边缘检测方法。

• Prewitt 边缘检测算子是先求平均，再求差分来计算梯度，水平和垂直的两个卷积核分别为 $\boldsymbol{G}_x = \begin{bmatrix} -1 & 0 & 1 \\ -1 & 0 & 1 \\ -1 & 0 & 1 \end{bmatrix}$，$\boldsymbol{G}_y = \begin{bmatrix} 1 & 1 & 1 \\ 0 & 0 & 0 \\ -1 & -1 & -1 \end{bmatrix}$，与 Sobel 算子方法一样，只是权值有所变化，图像中的每个像素点都用这两个核进行卷积，取最大值作为输出，但两者实现起来功能还是有差距的，Sobel 要比 Prewitt 更能准确检测图像边缘。这两个算子检测出来的边缘容易出现多像素宽度。

• Canny 边缘检测算子先利用高斯平滑滤波器来平滑图像以除去噪声，然后采用一阶偏导的有限差分来计算梯度幅值和方向。Canny 算子检测边缘的方法是寻找图像梯度的局部极大值，使用两个阈值来分别检测强边缘和弱边缘，若像素点的梯度幅值大于高的阈值，则认定该点一定为边缘点；若小于低的阈值，则认定该点一定不是边缘点。而对于梯度幅值处于两个阈值之间的像素点，则将其视为疑似边缘点，再进一步依据边缘的连通性对其进行判断，若该像素点的邻接像素中有边缘点，则认为该点也为边缘点，否则认为是非边缘点。该方法具有较强的噪声抑制能力，能够检测到弱边缘，但会将一些高频边缘平滑掉，造成边缘丢失。

• Laplacian 边缘检测算子通过灰度差分计算邻域内的像素，它是与方向无关的各向同性的边缘检测算子。常用的卷积核为 $\begin{bmatrix} 0 & -1 & 0 \\ -1 & 4 & -1 \\ 0 & -1 & 0 \end{bmatrix}$，扩展的卷积核为 $\begin{bmatrix} -1 & 0 & -1 \\ 0 & 4 & 0 \\ -1 & 0 & -1 \end{bmatrix}$，$\begin{bmatrix} -1 & -1 & -1 \\ -1 & 8 & -1 \\ -1 & -1 & -1 \end{bmatrix}$，Laplacian 算子对孤立点和细线检测效果好，但边缘方向信息丢失，常产生双像素的边缘，对噪声有加强作用，因此只适用于无噪声图像，当存在噪声情况下，使用 Laplacian 算子检测边缘之前要先对图像进行平滑处理。

• LOG 边缘检测算子将高斯算子和 Laplacian 算子结合起来使用，它先用高斯函数对图像进行平滑滤波，然后对滤波后的图像进行 Laplacian 运算，对计算得二阶微分值等于零的点则为边缘点。LOG 算子克服了 Laplacian 算子抗噪声能力较差的缺点，检测出来的图像边缘更加连续，边缘也比较细小，但在抑制噪声的同时也可能将图像中比较尖锐的边缘平滑掉，使得这些尖锐边缘不能被检测到。

(2)边界跟踪

边界跟踪是指从图像中一个边缘点出发，根据某种判别准则在当前点的邻域内搜索下一个边缘点，以此跟踪出目标边界。

具体步骤：

a. 确定边界的起始搜索点。

b. 确定合适的边界判别准则和搜索准则，判别准则用于判断某个点是否为边缘点，搜索准则用于指导如何搜索下一个边缘点。

c. 确定搜索的终止条件。

3. 基于阈值的图像分割

(1)单阈值分割法

单阈值分割是使用一个全局阈值区分背景和目标，当一幅图像的直方图具有明显的双峰形状时，选择两峰之间的谷底值作为阈值，可获得良好的分割效果。

① 人工选择法。人工选择方法是通过人眼的观察，应用人对图像的理解，对于给定的图像，在分析直方图的基础上确定合适的阈值。例如，当直方图明显呈现双峰情况时，可以选择两个峰值的中点作为最佳阈值。也可以在选出阈值后，根据分割效果不断地进行交互操作，从而选择最佳的阈值。

② 迭代法阈值选择。基本思想：开始选择一个阈值作为初始估计值，然后按照某种规则不断地改进这一估计值，直到满足给定的条件为止。这种方法的关键在于阈值改进策略的选择。

具体步骤：

a. 选择一个 T 的初始估计值。

b. 利用阈值 T 把图像分为两个区域 R1 和 R2。

c. 对区域 R1 和 R2 中的所有像素计算平均灰度值 u1 和 u2。

d. 计算新的阈值：T＝(u1＋u2)/2。

e. 重复步骤 b～d，直到逐次迭代所得的前后两个 T 值的差小于某个给定值。

③ Otsu 法阈值选择。大津法(Otsu)是一种使类间方差最大的自动选取阈值的方法，具有方法简单、处理速度快的特点。按照大津法求得的阈值进行图像二值化分割后，前景与背景部分的类间方差最大，被认为是图像分割中阈值选取的最佳算法，不受图像亮度和对比度的影响。

基本思想：

a. 把图像的灰度数按灰度级分成 2 个部分，使得两个部分之间的灰度值差异最大，每个部分内的灰度差异最小。

b. 通过方差的计算寻找一个合适的灰度级别来划分。

(2)多阈值分割法

多阈值分割是根据图像不同区域的局部特征分别采用不同的阈值进行分割的方法。在许多情况下，物体和背景的对比度在图像中的各处不是一样的，很难用一个统一的阈值将物体与背景分开，这时可以根据图像的局部特征分别采用不同的阈值进行分割，从而将图像分割成不同目标物体和背景区域。实际处理时，需要按照具体问题将图像分成若干子区域分别选择阈值，或者动态地根据一定的邻域范围选择每点处的阈值进行图像分割，这时的阈值为自适应阈值。

具体步骤：

a. 将图像分成多个区域，区域的大小可以不相等。

b. 对每个区域分别计算其局部的阈值。

c. 利用每个局部区域的阈值分别进行分割，并最终将各区域合并起来完成整幅图像的分割。

(3)分水岭算法

基本思想:把图像看作一个拓扑地形图,图像中每一点像素的灰度值表示该点的海拔,每一个局部低洼区域形成集水盆地,而集水盆地的边界则形成分水岭。将这种思想应用于图像分割,就是要找出图像中不同的集水盆地和分水岭,由这些不同的集水盆地和分水岭组成的区域即为要分割的目标。分水岭算法是一种自适应的多阈值分割方法。

4. 基于区域的图像分割

(1)区域生长法

基本思想:将图像中具有相似性质的像素集合起来构成区域。

具体步骤:

a. 找一个种子像素作为生长的起点。

b. 将种子像素周围邻域中与种子像素有相同或相似性质的像素(根据某种事先确定的生长或相似准则来判定)合并到种子像素所在的区域中。

c. 将这些新像素当作新的种子像素继续进行上面的过程,直到再没有满足条件的像素可被包括进来。

区域生长算法需要解决的三个问题:

a. 选择或确定一组能正确代表所需区域的种子像素。

b. 确定在生长过程中能将相邻像素包括进来的准则。

c. 指定让生长过程停止的条件或规则。

(2)区域分裂合并法

区域分裂合并法是从整幅图像出发,不断地分裂得到各个子区域,然后再把前景区域合并,得到需要分割的前景目标,进而实现目标的提取。

区域分裂合并法实现时,常采用四叉树分解法。

具体步骤:

a. 当图像中某个区域的特征不一致时,将该区域分裂成不重叠的四等分子区域。

b. 当相邻的两个子区域满足一致性特征时,则将它们合成一个大的区域。

c. 重复进行上面两个步骤,直到所有区域不再满足分裂或合并的条件,则结束。

7.2　相关函数及示例程序

1. 基于梯度算子的边缘检测

edge()函数用于进行基于梯度算子的边缘检测,其使用格式如下。

im2=edge(im, type, thresh,direction, options):im 是输入图像,type 表示梯度算子的类型,thresh 是阈值参数,direction 是指检测的边缘方向,options 是可选输入,im2 是输出图像。

参数 type 的取值为:

- 'sobel':sobel 梯度算子。

- 'roberts'：roberts 梯度算子。
- 'prewitt'：prewitt 梯度算子。
- 'zerocross'：零交叉梯度算子

参数 thresh 表示阈值，任何灰度值低于此阈值的边缘将不会被检测到。其默认值是空矩阵[]，此时算法会自动计算阈值。

参数 direction 的取值为：

- 'horizontal'：水平方向。
- 'vertical'：垂直方向。
- 'both'：所有方向（默认值）。

参数 options 的取值为：

- 'thinning'：边缘细化（默认值）。
- 'nothinning'：边缘不细化。

2. 基于 canny 算子的边缘检测

edge()函数用于进行基于 canny 算子的边缘检测，其使用格式如下。

im2=edge(im, 'canny', thresh, sigma)：im 是输入图像，'canny'表示 canny 算子，im2 是输出图像。

参数 thresh 表示阈值，其默认值是空矩阵[ ]，此时算法会自动计算阈值。与前面的算法不同，canny 算法的阈值是一个列向量，若指定的参数 thresh 为两个元素的向量，则第一个元素为低阈值，第二个元素为高阈值；若为一个元素，则表示高阈值，低阈值为 0.5×thresh。sigma 是高斯滤波器的标准差，默认值为 1。

3. 基于 LOG 算子的边缘检测

edge()函数用于进行基于 LOG(Laplacian of a Gaussian)算子的边缘检测，先对图像使用高斯函数进行平滑处理，然后再使用 Laplacian 算子进行边缘检测，其使用格式如下。

im2=edge(im, 'log' , thresh, sigma)：im 是输入图像，'log'表示 LOG 算子，im2 是输出图像。

参数 thresh 表示阈值，任何灰度值低于此阈值的边缘将不会被检测到。其默认值是空矩阵[]，此时算法会自动计算阈值。sigma 是高斯滤波器的标准差，默认值为 2。

4. 基于 zerocross（零交叉）算子的边缘检测

这种检测方法基于与 LOG 方法相同的概念，但卷积是使用指定的滤波函数执行的，其使用格式如下。

im2=edge(im, 'zerocross' , thresh, H)：H 是指定的滤波函数，其他参数的含义与 LOG 中的参数相同。

5. bwboundaries( )函数

bwboundaries()函数用于进行基于边界跟踪的边缘检测，获取二值图中对象的轮廓，包括外部轮廓与内部边缘。对象必须由非零像素构成,0 像素构成背景。其使用格式如下。

[B, L, N, A]=bwboundaries(im, conn, options):im 是输入的二值图像,B 对应于对象轮廓像素的坐标,B 是一个 P×1 的 cell 数组,P 为对象个数,每个 cell 是 Q×2 的矩阵,对应于对象轮廓像素的坐标,Q 内每一行表示连通体的边界像素的位置坐标(第一列是纵坐标 *Y*,第二列是横坐标 *X*),Q 为边界像素的个数。L 是返回的标签矩阵,N 是返回的目标数,A 中返回的邻接矩阵。参数 conn 表示跟踪边界的连通类型,其值可以为 4 或 8,表示 4 连通或者 8 连通,如果没有指定,默认情况下使用 8 连通。

参数 options 的取值为:

- 'holes':需要内边界(默认值)。
- 'noholes':不需要内边界。

6. graythresh()函数

graythresh()函数使用最大类间方差法获得图像的一个合适的阈值,利用这个阈值通常比人工设定的阈值能更好地把一张灰度图像转换为二值图像。其使用格式如下。

- level = graythresh(im):im 是输入的灰度图像,level 为获得的阈值,这个阈值在[0, 1]范围内。该阈值可以传递给 im2bw 完成灰度图像转换为二值图像的操作。
- [level EM] = graythresh(im):参数 im 和 level 的含义同上,EM 为该函数计算的方差。

7. watershed()函数

watershed()函数用于对图像进行分水岭区域标记,其使用格式如下。

L=watershed(im, conn):im 是输入的灰度图像,L 为输出的标记矩阵,其元素为大于或等于零整数值,元素 0 表示不属于任何一个分水岭区域,称为分水岭像素,元素 1 表示第一个分水岭区域(即集水盆地),元素 2 表示第二个分水岭区域,依此类推。conn 指定分水岭变换中采用的连通类型,其值可以为 4、8(二维图像)或 6、18、26(三维图像)。在默认情况下,对二维图像使用 8 连通,对三维图像使用 26 连通。

8. bwdist()函数

bwdist()函数用于计算矩阵的元素之间的距离,其使用格式如下。

[D, L] = bwdist(im):im 是输入的二值图像,D 表示零元素所在的位置靠近非零元素位置的最短距离,非零元素位置值为零。L 则表示在该元素所靠近的最近的非零元素的位置(即索引值)。元素所在的位置标号(索引值)是按列来计算的。

9. imextendedmax()函数

imextendedmax()函数用于计算一幅灰度图像的局部极大值,其使用格式如下。

BW = imregionalmax(im,conn):im 是输入的灰度图像,BW 为和原图像大小相同的二值图像,BW 中元素 1 对应极大值,其他元素为 0。conn 是计算过程中采用的连通类型,其值可以为 4、8(二维图像)或 6、18、26(三维图像)。在默认情况下,对二维图像使用 8 连通,对三维图像使用 26 连通。

10. imimposemin( )函数

imimposemin()函数用于重构修改一幅灰度图像,使得灰度图像在对应的二值图像非零的地方只有区域极小值,其使用格式如下。

im2 = imimposemin(im,BW,conn):im 是输入的灰度图像,BW 是一个和 im 的大小相同的二值图像,im2 是输出图像。conn 是计算过程中采用的连通类型,其值可以为 4、8(二维图像)或 6、18、26(三维图像)。在默认情况下,对二维图像使用 8 连通,对三维图像使用 26 连通。

11. imreconstruct( )函数

imreconstruct()函数用于实现二值图像或灰度图像的区域生长分割,它是基于形态学变换的图像重构函数,其使用格式如下。

im=imreconstruct(marker, mask, conn):marker 是标记图像,其中标记了那些开始形态学变换的点,mask 是掩模图像,它的作用是约束参与形态学变换的区域,im 是输出图像,这两幅图像必须具有相同的大小。参数 conn 是计算过程中采用的连通类型,其值可以为 4、8,默认使用 8 连通。

12. bwlabel( )函数

bwlabel()函数用于把图像中 4 连通或 8 连通的区域连接起来,其使用格式如下。

[L, num] = bwlabel(BW, conn):BW 是输入的二值图像,L 是输出的一个和 BW 大小相同的图像矩阵,其元素值为整数,背景被标记为 0,第一个连通区域被标记为 1,第二个连通区域被标记为 2,…,第 num 个连通区域被标记为 num,num 是图像矩阵中连通区域的总数。参数 conn 是计算过程中采用的连通类型,其值可以为 4、8,默认使用 8 连通。

13. qtdecomp( )函数

qtdecomp()函数用于对图像进行四叉树分解,其使用格式如下。

- S=qtdecomp (im, thresh):im 是输入图像(行、列大小必须为 2 的幂),thresh 是阈值,其取值范围为[0,1],默认值为 0。如果子块中元素最大值减去最小值大于 thresh,则分解块。S 返回四叉树结构的稀疏矩阵。
- S=qtdecomp (im, thresh, mindim):参数 im、thresh、S 的含义同上,如果子块尺寸小于 mindim 则不再进行分解。
- S=qtdecomp (im, thresh, [mindim maxdim]):参数 im、thresh、S 的含义同上,如果子块尺度小于 mindim 或大于 maxdim 则不再进行分解。mindim 和 maxdim 必须为 2 的幂。

14. qtgetblk( )函数

qtgetblk()函数用于获得四叉树分解后的图像块及位置信息,其使用格式如下。

[vals, r, c]=qtgetblk(im, S, dim):参数 im 和 S 的含义同上,dim 是子块的行(列)数,vals 是一个分解后得到的 dim×dim×k 的三维数组,其中 k 为 dim×dim 的子块的个数。r 和 c 分别是存放子块的左上角顶点的行坐标和列坐标的数组。

15. qtsetblk()函数

qtsetblk()函数用于将四叉树分解所得到的子块中符合条件的部分全部替换成指定的子块，其使用格式如下。

im2＝qtgetblk(im, S, dim, vals)：im 是输入图像，S 是 im 经过 qtdecomp 函数处理的结果，dim 是指定的子块的行(列)数，vals 是 dim×dim×k 的三维数组，包含了用来替换原有子块的新子块信息，其中 k 为图像 im 中大小为 dim×dim 的子块的数量，vals(:, :, i)表示要替换的第 i 个子块。

16. mean()函数

mean()函数用于求向量和矩阵的平均值，其使用格式如下。

me＝mean(X)：当参数 X 为向量时，返回 X 中各元素的平均值，当参数 X 为矩阵时，返回 X 中各列元素的平均值构成的向量。

示例程序 1：用梯度算子检测边缘。

```
clc; clear all; close all;
I= imread('xian.bmp');
subplot(1,3,1); imshow(I);  title('原图像');
I1= im2bw(I);                                  % 原图像转换成二值图像
subplot(1,3,2); imshow(I1); title('二值图像');
I2= edge(I1,'roberts');                        % 检测二值图像的边缘
subplot(1,3,3);  imshow(I2);  title('roberts 算子分割结果');
```

示例程序 2：用 Laplacian 算子检测边缘。

```
clc; clear all; close all;
I= imread('lena.jpg');
subplot(1,2,1); imshow(I); title('原图像');
I1= im2bw(I);                                  % 原图像转换成二值图像
h= [0 1 0;1 - 4 1;0 1 0];                      % Laplacian 算子
I2= imfilter(I1,h,'same');                     % 卷积运算
subplot(1,2,2); imshow(I2);
```

示例程序 3：用边界跟踪法检测边缘。

```
clc;  clear;  close all;
I =  imread('rice.png');                       % 读入图像
BW =  im2bw(I);                                % 转换成二值图像
subplot(1,2,1); imshow(I , [ ]);               % 显示原图像
B =  bwboundaries(BW);                         % 返回边界
subplot(1,2,2); imshow(I, [ ]); hold on; % 显示边界跟踪效果
for k =  1 : length(B)                         % 对边界进行着色
   boundary =  B{k};
   plot(boundary(:, 2), boundary(:, 1), 'r', 'LineWidth', 2);
end
```

示例程序 4：用人工法进行阈值选择。

```
clc; clear all; close all;
I= imread('xian.bmp');
```

```
I1= rgb2gray(I);
subplot(2,2,1); imshow(I1);  title('灰度图像')
[m,n]= size(I1);                      % 计算图像的大小
subplot(2,2,2); imhist(I1);   title('灰度直方图') ;          % 绘制直方图
I2= im2bw(I,150/255);                 % 采用 150 为阈值进行分割
subplot(2,2,3); imshow(I2);  title('阈值 150 的分割图像');
I3= im2bw(I,200/255);                 % 采用 200 为阈值进行分割
subplot(2,2,4); imshow(I3);  title('阈值 200 的分割图像');
```

示例程序 5:用迭代法进行阈值选择。

```
function [Ibw,thres]= autoThreshold(I)
% 迭代法自动阈值分割
% 输入:I- 要进行分割的灰度图像
% 输出:Ibw- 分割后的二值图像
%       thres- 自动分割采用的阈值
thres= 0.5* (double(min(I(:)))+ double(max(I(:)));   % 初始阈值
done= false;                          % 结束标志
while ~ done
    g= I> = thres;
    Tnext= 0.5* (mean(I(g))+ mean(I(~ g)));
    done= abs(thres- Tnext)< 0.5;
    thres= Tnext;
end;
Ibw= im2bw(I,thres/255);              % 二值化
```

示例程序 6:用 Otsu 法进行阈值选择(最大类间方差法)。

```
clc; clear all; close all;
I= imread('lena.jpg');
level= graythresh(I);                 % 使用最大类间方差法(Otsu)获得阈值
BW= im2bw(I, level);                  % 阈值分割
subplot(1,2,1); imshow(I);  title('原图像')
subplot(1,2,2); imshow(BW);  title('Otsu 法阈值分割图像')
```

示例程序 7:用分水岭算法进行图像分割。

```
clc; clear all; close all;
I= imread('lena.jpg');                % 读入灰度图像
subplot(221);
imshow(I); xlabel('原图像');
I1= double(I);
hx= fspecial('prewitt');              % 采用 prewitt 计算梯度
hy= hx';
Ix= abs(imfilter(I1,hx,'replicate')); % 滤波求 x 方向的梯度
Iy= abs(imfilter(I1,hy,'replicate')); % 滤波求 y 方向的梯度
gradmag= sqrt(Ix.^2+ Iy.^2);          % 计算梯度幅值
subplot(222);
imshow(gradmag,[ ]); xlabel('梯度图像');% 显示梯度
L= watershed(gradmag);                % 用分水岭算法分割
wr = L= = 0;                          % 分水岭被标记为 0
subplot(223);
imshow(wr,[ ]); xlabel('分水岭图像');
```

```
I1(wr)= 255;
subplot(224);
imshow(uint8(I1)); xlabel('分割结果');
```

示例程序 8:用改进分水岭的算法进行图像分割。

% 分水岭算法是以梯度图的局部极小点作为集水盆地的标记点,由于梯度图中可能有过多的局部极小点,故易产生比较严重的过分割现象。下面给出一种改进的算法。

```
clc; clear all; close all;
I= imread('eight.tif');                    % 读入灰度图像
subplot(231); imshow(I); xlabel('原图像');
I1= double(I);
hx= fspecial('prewitt');                   % 采用 prewitt 计算梯度
hy= hx';
Ix= abs(imfilter(I1,hx,'replicate'));  % 滤波求 x 方向的梯度
Iy= abs(imfilter(I1,hy,'replicate'));  % 滤波求 y 方向的梯度
gradmag= sqrt(Ix.^2+ Iy.^2);               % 计算梯度幅值
df= bwdist(I1);
subplot(232); imshow(uint8(df* 8)); xlabel('原图像的距离变换');
L= watershed(df);                          % 计算外部约束
em = L= = 0;
subplot(233); imshow(em,[ ]); xlabel('标记外部约束');
im= imextendedmax(I1,20);                  % 计算内部约束
subplot(234); imshow(im,[ ]);  xlabel('标记内部约束');
gradmag2= imimposemin(gradmag,im|em); % 重构梯度图
subplot(235);
imshow(gradmag2,[ ]);  xlabel('由标记内外约束重构的梯度图');
L2= watershed(gradmag2);                   % 用分水岭算法分割
wr = L2= = 0;                              % 分水岭被标记为 0
subplot(236);
I1(wr)= 255;
imshow(uint8(I1),[ ]); xlabel('分割结果');
```

示例程序 9:用区域生长法进行图像分割(种子点交互选择)。

```
function J = regionGrow(I)
% 区域生长法,需要以交互方式设定初始种子点:单击图像中一点后,按 Enter 键
if isinteger(I)
  I= im2double(I);
end
figure,imshow(I),title('原图像')
[M,N]= size(I);
[y,x]= getpts;                             % 获得区域生长起始点
x1= round(x);                              % 横坐标取整
y1= round(y);                              % 纵坐标取整
seed= I(x1,y1);                            % 将生长起始点灰度值放入 seed 中
J= zeros(M,N);                             % 作一个全零与原图像等大的图像矩阵 J
J(x1,y1)= 1;                               % 将 J 中与所取点相对应位置的点设置为白
sum= seed;                                 % 储存符合区域生长条件的点的灰度值的和
suit= 1;                                   % 储存符合区域生长条件的点的个数
count= 1;                                  % 记录每次判断一点周围八点符合条件的新点的数目
```

```
threshold= 0.15;                           % 阈值,注意要和 double 类型存储的图像相符合
while count> 0
    s= 0;                                  % 记录判断一点周围八点时,符合条件的新点的灰度
    count= 0;
    for i= 1:M
        for j= 1:N
          if J(i,j)= = 1
            if (i- 1)> 0 & (i+ 1)< (M+ 1) & (j- 1)> 0 & (j+ 1)< (N+ 1)
                                           % 判断此点是否为图像边界上的点
              for u= - 1:1                 % 判断点周围八点是否符合生长规则
                    for v= - 1:1
                          if  J(i+ u,j+ v)= = 0 & abs(I(i+ u,j+ v)- seed)< = thresh-
old& 1/(1+ 1/15* abs(I(i+ u,j+ v)- seed))> 0.8
                                           % 判断是否尚未标记,且为符合条件的点
                          J(i+ u,j+ v)= 1;
                                           % 将符合条件的点其在 J 中对应位置设置为白
                          count= count+ 1;
                          s= s+ I(i+ u,j+ v);          % 此点的灰度值加入 s 中
                          end
                    end
                end
              end
            end
        end
    end
    suit= suit+ count;                     % 将 count 加入符合点数计数器中
    sum= sum+ s;                           % 将 s 加入符合点的灰度值总和中
    seed= sum/suit;                        % 计算新的灰度平均值
end
```

调用示例:

```
I= imread('coins.png');
J= regiongrow(I);
imshow(J);  title('分割后图像');
```

上述程序运行后,会弹出一个包含原图像的窗口,用户可以通过鼠标在其中选取一个种子点并按 Enter 键,之后会出现分割结果。

示例程序 10:用四叉树分解法进行图像分割。

```
clc; clear all; close all;
I= imread('rice.png');                     % 读入图像
I1= qtdecomp(I, 0.1);                      % 对图像进行四叉树分解
I2= full(I1);                              % 原始的稀疏矩阵转换成普通矩阵
subplot(121); imshow(I); title('原图像');
subplot(122); imshow(I2); title('分割结果');
[vals, r, c]= qtgetblk(I, I1, 8);
size(vals)                                 % 查看子块的数量
```

7.3 实验指导

实验示例 7-1:图像的边缘检测

(1)实验内容

分别使用 Roberts、Sobel、Prewitt、Laplacian-Gaussian 和 Canny 算子对一幅图像进行边缘检测。比较这几种算子处理的不同之处。

(2)实验原理和方法

边缘检测方法是通过梯度算子实现的,在实际中常用小区域模板卷积来近似快速计算。梯度算子具有突出灰度变化的作用,对图像运用梯度算子,灰度变化较大的点处算得的值比较高,可以将这些梯度值作为相应点的边界强度,提取边界点集。典型的梯度算子有:Roberts 算子、Sobel 算子、Prewitt 算子、Laplacian-Gaussian 算子和 Canny 算子等。

(3)参考程序

```
clc; clear all; close all;
I= imread('lena.jpg');
BW1= edge(I,'roberts');      % Roberts 算子边缘检测
BW2= edge(I,'sobel');        % Sobel 算子边缘检测
BW3= edge(I,'prewitt');      % Prewitt 算子边缘检测
BW4= edge(I,'log');          % Laplacian- Gaussian 算子边缘检测
BW5= edge(I,'canny');        % Canny 算子边缘检测
figure; imshow(I); title('原图像');
figure; imshow(BW1); title(' roberts 边缘检测');
figure; imshow(BW2); title(' sobel 边缘检测');
figure; imshow(BW3); title(' prewitt 边缘检测');
figure; imshow(BW4); title(' laplacian- gaussian 边缘检测');
figure; imshow(BW5); title(' canny 边缘检测');
```

(4)实验结果与分析

实验结果如图 1-7-1 所示。

比较提取边缘的效果可以看出,Roberts 算子边缘定位精度较高,但易丢失一部分边缘;从对不同方向边缘的响应来看,Sobel 和 Prewitt 两个算子检测出的边缘效果几乎一致,比 Roberts 算子的检测结果要好,边缘较为连续;Laplacian-Gaussian 算子检测出来的边缘细节比较丰富,通过比较可以看出 Laplacian-Gaussian 算子比 Sobel 算子边缘更完整,效果更好;从总体效果上看,canny 算子给出了一种边缘定位精确性和抗干扰性的较好的平衡,能够检测到较弱的边缘。

实验示例 7-2: 区域生长法图像分割

(1)实验内容

输入一幅图像,在图像中选择 3 个种子点,并给定 3 个阈值,应用区域生长法分割输入的图像。

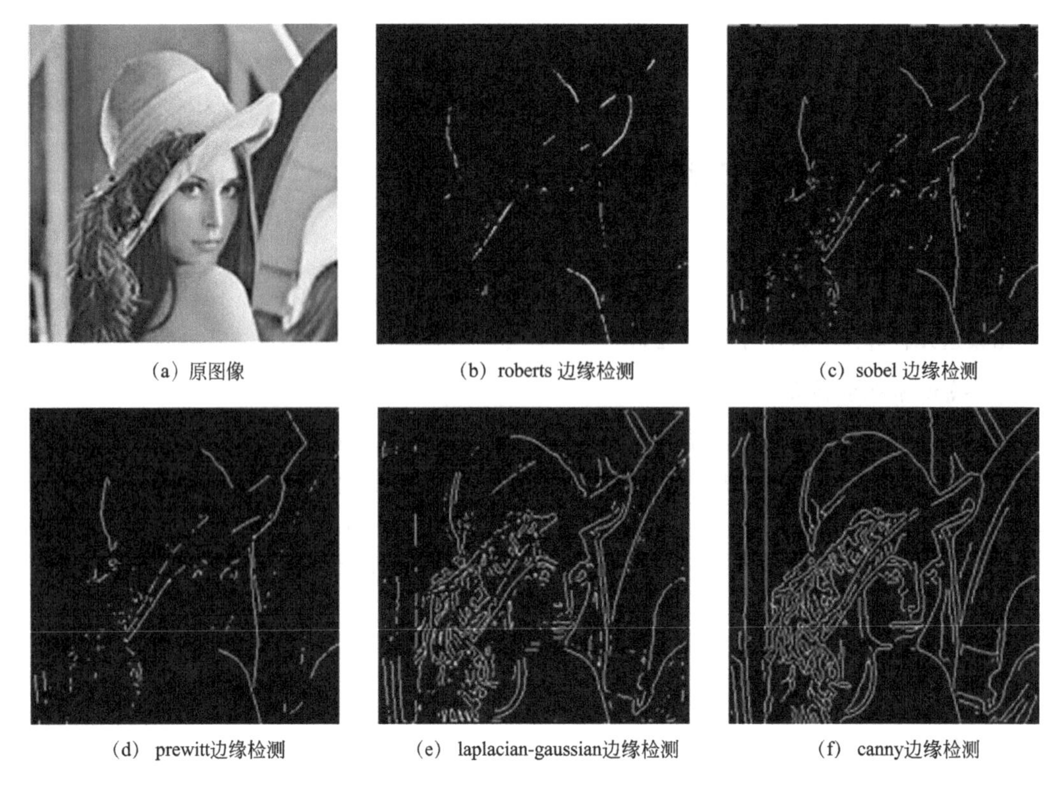

(a) 原图像　(b) roberts 边缘检测　(c) sobel 边缘检测

(d) prewitt边缘检测　(e) laplacian-gaussian边缘检测　(f) canny边缘检测

图 1-7-1　图像边缘检测

(2)实验原理和方法

区域生长法的基本思想是将具有满足某种相似性质的像素点集中起来构成一个区域。开始时,选定一个或多个像素点作为生长的种子点,然后按照事先确定的相似准则,将种子周围邻域中与种子点具有相似性质的像素点或区域合并到种子像素点所在的区域中。接着将这些新像素点作为新的种子点继续进行上面的操作,直到没有可归并的像素点或小区域为止。

(3)参考程序

```
clc; clear all; close all;
f= imread('circuit.tif');
seedx= [30,76,86]; seedy= [110,81,110];          % 选择种子点
hold on;
plot(seedx,seedy,'gs','linewidth',1); title('原图像及种子点位置');
f= double(f);
markerim = f= = f(seedy(1),seedx(1));
for i= 2:length(seedx)
    markerim= markerim|(f= = f(seedy(i),seedx(i)));
end
thresh= [12,6,12];                               % 给定阈值
maskim= zeros(size(f));
for i= 1:length(seedx)
    g= abs(f- f(seedy(i),seedx(i)))< = thresh(i);% 相似准则
    maskim= maskim|g;
```

```
end
[g, nr]= bwlabel(imreconstruct(markerim,maskim),8);      % 区域生长并连接区域
g= mat2gray(g);
subplot(121);  imshow(uint8(f));  title('原图像');
subplot(122);  imshow(g);  title('分割图像');
```

(4)实验结果与分析

实验结果如图 1-7-2 所示。

(a) 原图像

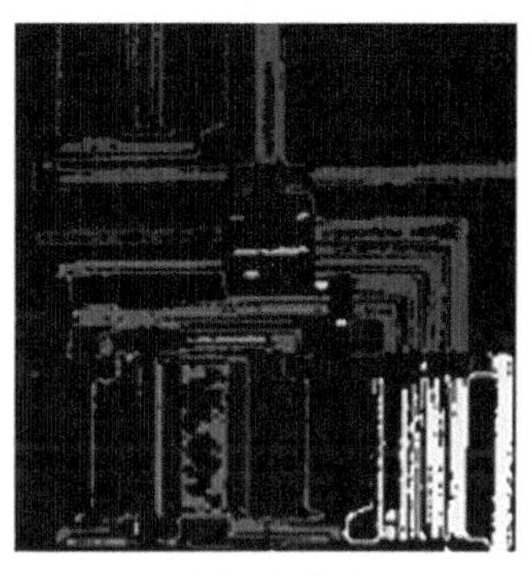

(b) 分割图像

图 1-7-2　图像分割

实验过程中首先确定种子点和阈值，然后以种子像素点为中心，如果某个像素点与种子像素点的灰度值差的绝对值小于或等于设定的阈值，则将此像素点归入种子点所在的区域。区域生长用 Matlab 图像处理工具箱中的 imreconstruct()函数实现，并使用 bwlabel()函数把区域连接起来完成图像的分割。如图 1-7-2 所示，采用该方法基本上能够实现图像的区域分割，分割结果与选定的种子点有较大的依赖关系，选定的初始种子点不同，得到的分割结果也有所不同。

7.4　实验项目

实验项目 7-1：阈值法的图像分割

(1)实验目的

① 理解图像分割的基本概念。

② 理解用阈值法进行图像分割的基本原理。

③ 掌握阈值法的常用函数的使用格式。

(2)实验内容

选择一幅灰度图像，显示该图像的直方图，分别用人工选择法、Otsu 法、迭代法确定阈值，根据阈值对图像进行分割，分割后的图像用二值图像表示。

实验项目 7-2：区域分割法的图像分割

(1)实验目的

① 理解区域分割法的基本概念。

② 理解用区域分割法进行图像分割的基本原理。

③ 掌握区域分割法的常用函数的使用格式。

(2)实验内容

使用一种区域分割法对一幅图像进行分割，如果是彩色图像，先进行灰度化处理，并对分割结果进行分析。

第8章 图像复原

8.1 知识要点

1. 基本概念

图像复原是根据图像退化的原因，建立相应的数学模型，尽可能地恢复退化图像的本来面目，它是沿图像退化的逆过程进行处理的。

图像复原的一般过程：分析退化原因——→建立退化模型——→反向推演——→恢复图像。

2. 图像退化的原因

造成图像退化的主要原因有：

- 运动模糊：成像设备与景物之间的相对运动产生的运动模糊。
- 散焦模糊：镜头聚焦不准产生的散焦模糊。
- 灰度失真：成像设备本身特性不均匀，造成成像灰度不同。
- 几何失真：成像设备的拍摄不稳定和扫描等引起的图像几何失真。
- 辐射失真：如大气湍流效应、大气成分变化引起的图像失真。
- 噪声污染：成像系统中存在的噪声干扰。

3. 图像退化模型

图像退化模型通常表示为：$g(x,y)=H[f(x,y)]+n(x,y)$，其中，$f(x,y)$ 为原始图像，H 是用于原图像的退化运算，$n(x,y)$ 为噪声，$g(x,y)$ 为退化图像。

- 空间域上的退化模型：

$g(x,y)=f(x,y)*h(x,y)+n(x,y)$，其中，$h(x,y)$ 为退化函数（又称点扩散函数，即PSF）。

- 频率域上的退化模型：

$G(u,v)=H(u,v)F(u,v)+N(u,v)$，其中，$G(x,y)$、$H(u,v)$、$F(u,v)$、$N(u,v)$ 分别为 $g(x,y)$、$h(x,y)$、$f(x,y)$、$n(x,y)$ 的傅里叶变换。

4. 退化图像复原的基本原理

图像复原的基本原理是使用可以精确描述退化的点扩散函数（即 PSF）对退化图像进行去卷

积计算(即卷积计算的逆运算)。实际的复原过程是设计一个滤波器,使其能从降质图像 $g(x,y)$ 中计算得到真实图像的估计值 $\hat{f}(x,y)$,在规定的误差范围内,最大程度地接近原始图像 $f(x,y)$。

5. 退化图像复原方法

(1)逆滤波法

逆滤波复原的方式为

$$F(u,v)=\frac{G(u,v)}{H(u,v)}-\frac{N(u,v)}{H(u,v)}$$

当退化图像的噪声较小,即图像为轻度降质时,采用逆滤波复原的方法可以获得较好的结果。但由于 $H(u,v)$ 离开原点后衰减很快,在 $H(u,v)$ 较小或接近于 0 时对噪声具有放大作用。对此问题的两种改进方法如下:

① $\frac{1}{H(u,v)}=\begin{cases}k & |H(u,v)|\leqslant d\\ \frac{1}{H(u,v)} & |H(u,v)|>d\end{cases}$,式中 k 和 d 为小于 1 的常数。

② $\frac{1}{H(u,v)}=\begin{cases}\frac{1}{H(u,v)} & (u^2+v^2)^{1/2}\leqslant D_0\\ 1 & (u^2+v^2)^{1/2}>D_0\end{cases}$,式中 D_0 为截止频率。

(2)维纳滤波法

维纳滤波复原综合考虑退化函数和噪声统计特性两个方面因素进行复原处理,其目标是寻找一个滤波器,使得复原后图像与原始图像之间的均方误差最小,即

$$E\{[f(x,y)-\hat{f}(x,y)^2]\}=\min$$

式中:$f(x,y)$ 为原图像,$\hat{f}(x,y)$ 为复原后的图像。

频率域形式为

$$\hat{F}(u,v)=\left[\frac{1}{H(u,v)}\cdot\frac{|H(u,v)|^2}{|H(u,v)|^2+S_n(u,v)/S_f(u,v)}\right]\cdot G(u,v)$$

式中:$S_n(u,v)=|N(u,v)|^2$ 为噪声的功率谱,$S_f(u,v)=|F(u,v)|^2$ 为原图像的功率谱,$\hat{F}(u,v)$ 为 $\hat{f}(x,y)$ 的傅里叶变换。

(3)约束最小二乘方滤波法

维纳滤波需要知道未退化图像和噪声的功率谱,而这些功率谱一般都不知道。约束最小二乘方滤波方法则只需要知道噪声的方差和均值,这两项参数可以从一个给定的退化图像计算出来。

频率域形式为

$$\hat{F}(u,v)=\left[\frac{H^*(u,v)}{|H(u,v)|^2+\lambda|P(u,v)|^2}\right]\cdot G(u,v)$$

式中：$H^*(u,v)$ 是 $H(u,v)$ 的共轭，λ 是一个参数，$P(u,v)$ 是拉普拉斯算子 $P(x,y)=\begin{bmatrix}0 & 1 & 0\\ 1 & -4 & 1\\ 0 & 1 & 0\end{bmatrix}$ 的傅里叶变换。

(4)Lucy－Richardson 滤波法

Lucy－Richardson 滤波法是目前应用最广泛的图像复原技术之一，它采用迭代的方法，图像是由使用泊松噪声统计模型化得到的。

采用的迭代式为

$$\hat{F}_{k+1}(x,y)=\hat{F}_k(x,y)\left[h(-x,-y)*\frac{G(x,y)}{h(x,y)*F_k(x,y)}\right]$$

(5)盲卷积滤波法

盲卷积滤波法图像复原是在事先不知道点扩散函数的前提下，从模糊图像中最大程度地复原出原图像。

前面一些方法的使用前提是需要确定 PSF 的恰当估计，但实际上，许多退化图像的 PSF 难以获得，盲卷积滤波法在不知道失真信息(模糊和噪声)的情况下比较有效，它在复原图像的同时估计点扩散函数 PSF。

8.2　相关函数及示例程序

1. PSF 生成函数

fspecial()函数用于生成一个点扩散函数，其使用格式如下。

PFS＝fspecial('motion', len, theta)：参数'motion'表示运动模糊，参数 len 表示模糊的长度，参数 theta 表示模糊的角度，即按角度 theta 移动 len 个像素的滤波操作，PFS 表示输出的点扩散函数。

2. 模糊函数

imfilter()函数用于对原始图像进行卷积计算而使图像产生模糊效果，其使用格式如下。

Blur＝imfilter(im, PSF, 'circular', 'conv')：参数 im 表示输入图像，参数 PSF 表示点扩散函数，选项 circular 用来减少边界效应，选项 conv 表示对输入图像进行卷积计算，Blur 表示输出的模糊图像。

3. deconvwnr()函数

deconvwnr()函数用于对图像进行维纳滤波复原，其使用格式如下。

- im2＝deconvwnr (im, PSF)：参数 im 表示输入图像，参数 PSF 表示点扩散函数，im2 表示输出的复原图像。在没有噪声的情况下，维纳滤波就是逆滤波。
- im2＝deconvwnr (im, PSF, NSR)：参数 im、PSF、im2 的含义同上，参数 NSR 表示带噪

声图像的信噪功率比(可以是标量或和 im 相同大小的矩阵),其默认值为 0。

- im2＝deconvwnr (im, PSF, NCORR,ICORR):参数 im、PSF、im2 的含义同上,参数 NCORR 表示噪声的自相关函数,参数 ICORR 表示输入图像的自相关函数。

4. deconvreg( )函数

deconvreg()函数用于对图像进行约束最小二乘方滤波复原,其使用格式如下。

- im2＝deconvreg(im, PSF):参数 im、PSF、im2 的含义同上。
- im2＝deconvwnr (im, PSF, NP):参数 im、PSF、im2 的含义同上,参数 NP 表示图像的噪声强度,其默认值为 0。
- im2＝deconvwnr (im, PSF, NP, LRANGE):参数 im、PSF、NP、im2 的含义同上,参数 LRANGE 表示拉格朗日算子的搜索范围,其默认范围为 $[10^{-9},10^{9}]$。
- im2＝deconvwnr (im, PSF, NP, LRANGE, REGOP):参数 im、PSF、NP、LRANGE、im2 的含义同上,参数 REGOP 表示约束算子,其默认值为平滑约束拉氏算子。
- [im2, LAGRA]＝deconvreg(im, PSF, …):参数 im、PSF、im2…的含义同上,返回值 LAGRA 表示执行时最终使用的拉氏算子。

5. deconvlucy( )函数

deconvlucy()函数用于对图像进行 Lucy—Richardson 滤波复原,其使用格式如下。

- im2＝deconvlucy(im, PSF):参数 im、PSF、im2 的含义同上。
- im2＝deconvlucy(im, PSF, NUMIT):参数 im、PSF、im2 的含义同上,参数 NUMIT 表示算法的迭代次数,其默认值为 10。
- im2＝deconvlucy(im, PSF, NUMIT, DAMPAR):参数 im、PSF、im2、NUMIT 的含义同上,参数 DAMPAR 表示结果图像与原始图像的偏差阈值(对那些超过阈值的数据,将不再进行反复计算),其默认值为 0(无偏差)。
- im2＝deconvlucy(im, PSF, NUMIT, DAMPAR, WEIGHT):参数 im、PSF、NUMIT、im2、DAMPART 的含义同上,参数 WEIGH 表示像素加权值,其默认值为与输入图像大小相同的元素全为 1 的矩阵,通过指定某些对应像素的加权值为 0 可以忽略图像中可能包含的坏像素点。
- im2＝deconvlucy(im, PSF, NUMIT, DAMPAR, WEIGHT, READOUT):参数 im、PSF、im2、NUMIT、DAMPART、WEIGH 的含义同上,参数 READOUT 表示噪声矩阵,其默认值为 0。
- im2＝deconvlucy(im, PSF, NUMIT, DAMPAR, WEIGHT, READOUT, SUBSMPL):参数 im、PSF、im2、NUMIT、DAMPART、WEIGH 的含义同上,参数 SUBSMPL 表示子集采样时间,其默认值为 1。

6. deconvblind( )函数

deconvblind()函数用于对图像进行盲卷积滤波复原,其使用格式如下。

- [im2, PSF]＝deconvbind(im, INITPSF):参数 im 表示输入图像,参数 INITPSF 表示

PSF 的估计值，im2 表示输出的复原图像，输出的点扩散函数 PSF 与 INITPSF 具有相同的大小。

- [im2, PSF]=deconvbind(im, INITPSF, NUMIT)：参数 im、PSF、im2、INITPSF 的含义同上，参数 NUMIT 表示算法的迭代次数。
- [im2, PSF]=deconvbind(im, INITPSF, NUMIT, DAMPAR)：参数 im、PSF、im2、INITPSF、NUMIT 的含义同上，参数 DAMPAR 表示偏差阈值。
- [im2, PSF]=deconvbind(im, INITPSF, NUMIT, DAMPAR, WEIGHT)：参数 im、PSF、im2、INITPSF、NUMIT、DAMPART 的含义同上，参数 WEIGH 用来屏蔽坏的像素点。
- [im2, PSF]=deconvbind(im, INITPSF, NUMIT, DAMPAR, WEIGHT, READOUT)：参数 im、PSF、im2、INITPSF、NUMIT、DAMPART、WEIGH 的含义同上，参数 READOUT 表示噪声矩阵。

7. prod()函数

prod()函数用于计算向量或矩阵中元素的乘积，其使用格式如下。

- B = prod(A)：如果 A 是向量，则返回 A 向量中所有元素的乘积；如果 A 是矩阵，将 A 看作列向量，返回每一列元素的乘积并组成一个行向量 B。
- B = prod(A, dim)：沿着指定的 dim 标量的维计算 A 矩阵元素的乘积。

说明：dim=2 表示沿行计算。

8. sum()函数

sum()函数用于向量和矩阵的元素求和，其使用格式如下。

s=sum(X)：当参数 X 为向量时，返回 X 中各元素的和，当参数 X 为矩阵时，返回 X 中各列元素的和构成的向量。

示例程序 1：用 PSF 产生运动模糊图像，并用逆滤波法复原图像。

```
clc; clear all;  close all;
I= imread('lena.jpg');
subplot(1,3,1); imshow(I); title('原图像');
len= 20;  theta= 30;                       % 运动位移为 20、角度为 30
PSF= fspecial('motion', len, theta);       % 定义运动模糊函数
J= imfilter(I,PSF,'circular','conv'); % 对图像进行运动模糊处理
subplot(1,3,2); imshow(J); title('运动模糊图像');
J1= deconvwnr(J,PSF);                      % 逆滤波处理
subplot(1,3,3); imshow(J1); title('逆滤波复原后图像');
```

示例程序 2：约束最小二乘方滤波法复原图像。

```
clc;  clear all;  close all;
I= imread('lena.jpg');
len= 50;  theta= 45;                       % 运动位移为 50、角度为 45
PSF= fspecial('motion',len,theta);         % 定义运动模糊函数
V= 0.0001;
J= imfilter(I,PSF,'circular','conv'); % 对图像进行运动模糊处理
subplot(1,3,1); imshow(J); title('模糊图像');
NoisePower= V* prod(size(I));              % 计算噪声强度
```

```
G= deconvreg(J,PSF,NoisePower);                              % 采用真实 PSF
subplot(1,3,2); imshow(G); title('采用真实 PSF 复原后图像');
K= deconvreg(J,fspecial('motion',2* len,theta));             % 采用非真实 PSF
subplot(1, 3, 3);imshow(K); title('采用非真实 PSF 复原后图像');
```

示例程序 3:Lucy—Richardson 滤波法复原图像。

```
clc;  clear all;  close all;
I= imread('lena.jpg');
I= im2double(I);
PSF= fspecial('gaussian',5,15);                              % 高斯模糊函数
V= 0.0001;
BlurredNoisy= imnoise(imfilter(I,PSF),'gaussian',0,V); % 对模糊图像添加噪声
WT= zeros(size(I));
WT(5:end- 4,5:end- 4)= 1;
J1= deconvlucy(BlurredNoisy,PSF);                            % Lucy- Richardson 滤波处理
J2= deconvlucy(BlurredNoisy,PSF,20,sqrt(V));                 % 进行 20 次迭代
J3= deconvlucy(BlurredNoisy,PSF,20,sqrt(V),[ ],WT);
subplot(221); imshow(BlurredNoisy); title('A= Blurred and Noisy');
subplot(222); imshow(J1); title('deconvlucy(A, PSF)');
subplot(223); imshow(J2); title('deconvlucy(A, PSF, NI, DP)');
subplot(224); imshow(J3); title('deconvlucy(A, PSF, NI, DP, [ ], WT)');
```

示例程序 4:盲卷积滤波法复原图像。

```
clc;  clear all;  close all;
I= imread('lena.jpg');
I= im2double(I);
PSF= fspecial('gaussian',5,15);                              % 高斯模糊函数
V= 0.0001;
BlurredNoisy= imnoise(imfilter(I,PSF),'gaussian',0,V); % 添加高斯噪声
WT= zeros(size(I));
WT(5:end- 4,5:end- 4)= 1;
INITPSF= ones(size(PSF));                                    % 构建元素全为 1 的矩阵
[J  P]= deconvblind(BlurredNoisy,INITPSF,20,10* sqrt(V),WT);   % 盲卷积滤波
subplot(221); imshow(BlurredNoisy); title('模糊噪声图像');
subplot(222); imshow(PSF, [ ]); title('真实的 PSF');
subplot(223); imshow(J); title('复原后图像');
subplot(224); imshow(P,[ ]); title('返回的 PSF');
```

8.3 实验指导

实验示例:用维纳滤波法复原模糊噪声图像

(1)实验内容

输入一幅图像,对图像进行运动模糊后再添加噪声,使用带不同参数的维纳滤波函数进行复原处理,比较选取不同参数的处理效果。

(2)实验原理和方法

图像复原处理是建立在图像退化的数学模型基础上的,这个退化数学模型能够反映图像退

化的原因。图像退化模型如图 1-8-1 所示。

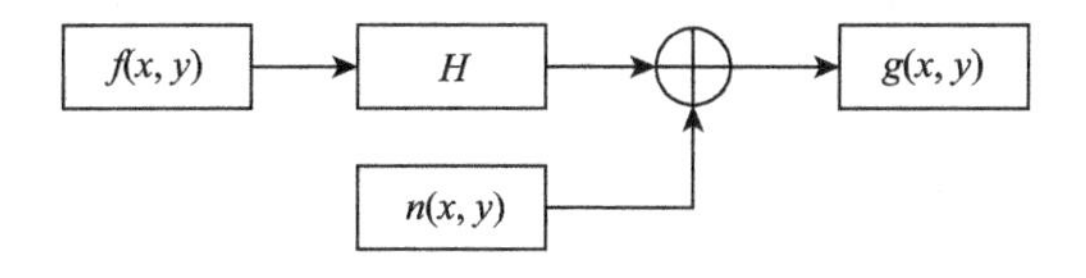

图 1-8-1　图像退化模型

图像退化模型可以表示为

$$g(x,y) = H[f(x,y)] + n(x,y) = f(x,y) * h(x,y) + n(x,y)$$

图像复原就是利用退化过程的先验知识使已退化的图像恢复本来面貌，即根据退化的原因，分析引起退化的因素，建立相应的数学模型，并沿着使图像降质的逆过程复原图像。维纳滤波综合了退化函数和噪声统计特性两个方面进行复原处理，它的基本思路是在假设图像信号可以近似地看作平稳随机过程的前提下，依据复原图像和原始图像的均方差最小的原则来恢复图像，即

$$E\{[\hat{f}(x,y) - f(x,y)]^2\} = \min$$

(3)参考程序

```
clc;  clear all;  close all;
I= imread('lena.jpg');
subplot(3,2,1); imshow(I); title('原图像');
len= 20;  theta= 30;
PSF= fspecial('motion', len, theta);                       % 运动模糊函数
J= imfilter(I,PSF,'circular','conv');                      % 对图像进行运动模糊
subplot(3,2,2); imshow(J); title('运动模糊图像');
J1= imnoise(J,'gaussian',0,0.01);                          % 对模糊图像添加噪声
subplot(3,2,3); imshow(J1); title('模糊噪声图像');
J2= deconvwnr(J1,PSF);                                     % 不带信噪比的维纳滤波(逆滤波)处理
subplot(3,2,4); imshow(J2); title('未使用信噪比的复原后图像');
noise= imnoise(zeros(size(I)),'gaussian',0,0.01);          % 设置噪声
NSR= sum(noise(:).^2)/sum(im2double(I(:)).^2);             % 计算信噪比
J3= deconvwnr(J1,PSF,NSR);                                 % 带信噪比的维纳滤波处理
subplot(3,2,5); imshow(J3); title('使用信噪比的复原后图像');
NP= abs(fftn(noise)).^2;                                   % 计算噪声的功率谱
NCORR= fftshift(real(ifftn(NP)));                          % 计算噪声的自相关函数
IP= abs(fftn(im2double(I))).^2;                            % 计算图像的功率谱
ICORR= fftshift(real(ifftn(IP)));                          % 计算图像的自相关函数
J4= deconvwnr(J1,PSF,NCORR,ICORR);                         % 带自相关函数的维纳滤波处理
subplot(3,2,6); imshow(J4); title('使用自相关函数的复原后图像');
```

(4)实验结果与分析

实验结果如图 1-8-2 所示。

使用维纳滤波来复原图像，要依据获取的相关信息才能有效地实施，利用的信息越多，复原图像的质量也就越高。在实验过程中，对模糊噪声图像，分别采用了不带信噪比、带信噪比

和带自相关函数的参数进行滤波处理。从实验结果可以发现，直接采用不带信噪比的维纳滤波（逆滤波）函数进行复原，所得图像的概貌几乎不可见；在引入信噪比 NSR 作为噪声参数进行图像复原时，得到较好的实验结果；而在已知噪声和原图像的自相关函数的情况下，其复原效果最好。

（a）原图像

（b）运动模糊图像

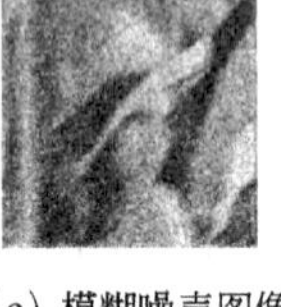

（c）模糊噪声图像

（d）未使用信噪比的复原后图像

（e）使用信噪比的复原后图像

（f）使用自相关函数的复原后图像

图 1-8-2　模糊图像复原

8.4　实验项目

实验项目 8-1：维纳滤波和盲卷积滤波的比较

（1）实验目的

① 了解图像退化的基本概念。

② 理解用维纳滤波和盲卷积滤波法进行图像复原的基本原理。

③ 掌握维纳滤波和盲卷积滤波法相关函数的使用格式。

（2）实验内容

将一幅原始图像，进行模糊处理后再添加噪声，分别使用维纳滤波和盲卷积滤波进行复原，并比较这两种方法的实验结果。

实验项目 8-2：约束最小二乘方滤波法的图像复原

（1）实验目的

① 了解图像退化的基本概念。

② 理解用约束最小二乘方滤波法进行图像复原的基本原理。

③ 掌握约束最小二乘方滤波法相关函数的使用格式。

(2)实验内容

对一幅退化图像，使用约束最小二乘方滤波法复原图像，并说明不同的噪声强度、拉氏算子的搜索范围和约束算子对复原效果的影响。

第 9 章 图像识别初步 ‹‹‹

9.1 知识要点

1. 基本概念

图像识别是数字图像处理与模式识别相结合的一种技术，它是指利用计算机对图像进行处理、分析和理解，从而可以识别各种不同模式的目标和对象的技术。

图像识别的发展经历了三个阶段：文字识别、数字图像处理与识别、物体识别。

一些常用的概念：

- 模式类：指具有一组共同属性或特征的模式集合。
- 特征：指一种模式区别于另一种模式的本质特点。
- 训练样本：指一些类别信息已知的样本集合。
- 测试样本：指一些类别信息未知的而有待于确定类别的样本集合。
- 训练：指使用训练样本集“教会”分类模型如何进行正确归类的过程。
- 测试：指将测试样本输入到已训练好的分类模型中进行归类的过程。
- 图像分类：指输入一幅待识别的图像作为测试图像，输出该图像所属于的模式类。
- 识别率：指所建立的分类模型能够正确识别出来的输入样本占总样本数的比例。

2. 图像识别的一般过程

图像识别技术的过程分为图像数据的获取、数据预处理、特征提取和选择、判别分类。

- 图像数据的获取：指使用各种传感设备通过采集和量化将模拟数据（如照片、图片、影像和景物等）进行数字化处理，使之被转换成适合于计算机处理的一组测量值。
- 数据预处理：指将得到的数字图像进行去噪、平滑、变换等操作，减弱或消除因传感设备与传输介质的缘故造成的图像退化，从而改善图像的质量以便于计算机进一步分析处理。
- 特征提取和选择：指将一种图像有别于其他类图像的具有本质特性的元素提取出来，并从这些已提取的特征中选择一些重要的特征来表示原图像，其目的是更好地进行下一步的分类识别。图像的特征提取和选择是图像识别过程中的关键步骤。
- 判别分类：指通过一系列的训练操作制定出一种识别规则，即设计一种分类器，在特征空间中通过分类器将不同特征的图像进行分类，以便能够识别所研究的对象具体属于哪一类。

3. 图像识别的常用方法

图像识别的方法主要分为四种:统计模式识别法、句法模式识别法、模糊模式识别法、神经网络模式识别法。

1)统计模式识别法

统计模式识别法是建立在概率统计理论基础上的,用特征向量来表示模式,一幅图像经过特征提取和选择后转换为一个特征向量,这样一幅图像(样本)就可以看作特征空间中的一个点。将特征空间划分为若干个不同的区域,不同特征类别的样本分属不同的区域,当进行模式识别时,可以通过输入样本点落到特征空间的哪个区域来判断样本属于哪个类别。统计模式识别方法是目前最成熟也是广泛应用的一种方法,具体可分为几何分类法和概率统计分类法。

(1)几何分类法

① 模板匹配法。使用模板匹配法要先定义一个相关度函数,使用这个相关度函数计算输入样本与各个模板之间的相关度,以此判断两者之间的相似程度,寻找样本在模板集中的最佳匹配,将相关度最大的作为识别结果。模板匹配是一种用于在一幅较大图像中搜索和寻找一个特定目标的方法,但它受目标的畸变、大小和角度变化的影响较大。

② 最近邻法。假设有 k 个模式类 $\omega_1,\omega_2,\cdots,\omega_k$,其对应的特征向量分别为 $\eta_1,\eta_2,\cdots,\eta_k$,输入的待识别样本的特征向量为 $x=(x_1,x_2,\cdots,x_n)^{\mathrm{T}}$ 。当需要确定待识别样本的类别时,分别计算 x 与 $\eta_1,\eta_2,\cdots,\eta_k$ 之间的距离:

$$D(x,\eta_i) \quad i=1,2,\cdots,k$$

最近邻法表明,如果满足条件:

$$D(x,\eta_r)=\min D(x,\eta_i) \quad 1\leqslant i\leqslant k$$

那么就有 $x\in\omega_r$。

也就是说:对于待识别样本 x ,只要比较 x 与 k 个模式类所代表的特征向量之间的距离,最小距离者即是待识别样本应属的类别。

③ 线性分类法。线性分类法就是利用训练样本建立线性判别函数。假设两个模式类 ω_1, ω_2 ,在 n 维特征空间中线性判别函数为

$$D(x)=(w_1,w_2,\cdots,w_{n+1})\begin{pmatrix}x_1\\x_2\\\vdots\\x_n\\1\end{pmatrix}w^{\mathrm{T}}x$$

式中: x 是 n 维特征向量, w 为权重向量。

判别准则为

$$\begin{cases}D(x)>0, & x\in\omega_1\\D(x)<0, & x\in\omega_2\\D(x)=0, & x\in\omega_1 \text{ 或} \in\omega_2\end{cases}$$

④ 非线性分类法。在实际应用中,很多模式识别问题是非线性的,一种方法是将非线性判别函数进行线性转换,使其变成线性判别函数,再用线性判别函数进行分类,也就是对原特征空间做一个映射,将原来的特征点投影到新的特征空间上,而在这个空间上各点是线性可分的。

(2)概率统计分类法

几何分类法是基于模式类是几何可分的这一前提,但模式分布经常不是几何可分的,即特征空间中的同一个区域内可能出现不同的模式,此时需要借助概率统计这一数学工具。概率统计法是建立在贝叶斯决策理论上的一种方法,假设有 k 个模式类 $\omega_1,\omega_2,\cdots,\omega_k$,每个模式类的先验概率为 $p(\omega_i),i=1,2,\cdots,k$,输入的待识别样本的特征向量为 x ,条件概率为 $p(x/\omega_i),i=1,2,\cdots,k$,根据贝叶斯公式,后验概率为

$$p(\omega_i/x)=\frac{p(x/\omega_i)p(\omega_i)}{\sum_{i=1}^{k}p(x/\omega_i)p(\omega_i)}$$

如果满足 $p(\omega_r/x)=\max p(\omega_i/x),1\leqslant i\leqslant k$,那么就有 $x\in\omega_r$ 。

也就是说:对于待识别样本 x ,只要计算 x 出现的条件下各个模式类出现的概率,概率最大者即是待识别样本应属的类别。

2)句法模式识别法

句法模式识别法是将待识别的模式逐级表示为较简单的子模式的组合,最后得到一个树形的结构表示,在底层的最简单的子模式称为模式基元,基元代表模式的基本特征。在识别过程中应用句法模式识别法,先对基元进行识别,进而识别出子模式,最后完成对整个模式的识别。这种方法可用于识别包含丰富的结构信息的复杂对象。

3)模糊模式识别法

模糊模式识别法是建立在模糊数学理论基础上的一种方法,它结合人脑对模糊事物识别和判断的特点,使用机器模拟人脑的思维方式对事物进行分类与识别。由于待识别的事物在一定程度上存在某些模糊性,因此,在进行对象识别时应用模糊数学方法模拟人脑的思维过程,提高计算机的智能化程度。

4)神经网络模式识别法

神经网络模式识别法是一种比较新型的模式识别技术,是在传统的模式识别方法和基础上融合神经网络算法的一种模式识别方法。在模式识别系统中利用神经网络系统,一般会先提取模式的特征,再利用模式所具有的特征映射到神经网络进行模式识别分类。

4. 图像识别技术的应用领域

计算机的图像识别技术在公共安全、生物、工业、农业、交通、医疗等很多领域都有广泛的应用。例如,交通方面的车牌识别及车流量检测,公共安全方面的人脸识别和指纹识别,农业方面的种子识别和食品品质检测技术,工业方面的产品质量检测,医疗方面的医学影像识别,空间地理的遥感图像识别等。

9.2　相关函数及示例程序

1. num2str()函数

num2str()函数把数值转换成字符串，转换后可以使用 fprintf()或 disp()函数进行输出，其使用格式如下。

- str = num2str(A)：将矩阵 **A** 中的元素转换为字符串表示形式。
- str = num2str(A, precision)：将矩阵 **A** 中的元素转换为字符串表示形式，precision 表示精度。

2. int2str()函数

int2str()函数用于把整型数据转换成字符串的形式，转换后可以使用 fprintf()或 disp()函数进行输出，其使用格式如下。

str = int2str(A)：将矩阵 **A** 中的元素转换为整型，再把结果转换成一个字符串矩阵。

3. norm()函数

norm()函数用于求矩阵和向量的范数，其使用格式如下。

n=norm(X, p)：参数 $\boldsymbol{X}$ 表示输入的矩阵或向量，参数 p 表示范数阶数，其默认值为 2，n 为 $\boldsymbol{X}$ 的 p 阶范数，即 $\|\boldsymbol{X}\|_p = \sqrt[p]{\sum_k |\boldsymbol{X}_k|^p}$ 。

4. char()函数

char()函数用于将代码转换为字符集中的字符，其使用格式如下。

ch= char(num)：参数 num 是用于转换的字符代码，其值介于 1～255 之间，使用的是当前计算机字符集中的字符。

5. strcat()函数

strcat()函数用于将两个字符串连接起来，其使用格式如下。

str = strcat(s1,s2,…,sn)：将数组 s1,s2,…,sn 连接成单个字符串，并保存于变量 str 中。如果任一参数是元胞数组，那么结果 str 是一个元胞数组，否则，str 是一个字符数组。

6. eig()函数

eig()函数用于计算矩阵的特征值和特征向量，其使用格式如下。

- E=eig(A)：计算矩阵 **A** 的全部特征值，构成向量 ***E***。
- E=eig(A,B)：计算方阵 **A** 和 ***B*** 的广义特征值，构成向量 ***E***。
- [V, D]=eig(A)：计算矩阵 **A** 的全部特征值，构成对角阵 ***D***，并求 **A** 的特征向量构成 **V** 的列向量，满足 ***AV***=***VD***。

• [V, D]=eig(A,'nobalance')：与第3种格式类似，在第3种格式中先对 **A** 作相似变换后求矩阵 **A** 的特征值和特征向量，而此处直接求矩阵 **A** 的特征值和特征向量。

• [V, D]=eig(A,B)：计算方阵 **A** 和 **B** 的广义特征值，构成方阵对角阵 **D**，其对角线上的元素即为相应的广义特征值，同时将返回相应的特征向量构成满秩方阵，满足 **AV**=**BVD**。

7. bweuler()函数

bweuler()函数用于计算二值图像的欧拉数，其使用格式如下。

eul=bweuler(BW, n)：计算二值图像 BW 的欧拉数 eul，参数 n 为标量，表示连通数，其值可以是4或8，默认值为8。

8. bwarea()函数

bwarea()函数用于计算二值图像中对象的总面积，其使用格式如下。

total = bwarea(BW)：参数 total 是一个标量，其值大致地反映了图像中非零值像素的个数，total 是 double 类型。

说明：该面积和二值图像中对象的像素数目不一定相等。

9. bwareaopen()函数

bwareaopen()函数用于删除二值图像中的小面积对象，其使用格式如下。

BW2 = bwareaopen(BW, P, conn)：删除二值图像 BW 中面积小于 P 的对象，参数 conn 表示连通数，其值可以是4或8，默认值为8。

10. regionprops()函数

regionprops()函数用于度量图像区域属性，其使用格式如下。

stats = regionprops(L, properties)：参数 **L** 为标记矩阵，可使用连通区域标注函数 bwlabel()得到，**L** 中不同的正整数元素对应不同的区域。返回值 stats 是一个长度为 max(L(:))的结构数组，结构数组的相应域定义了每一个区域相应属性下的度量。参数 properties 可以是由逗号分割的字符串列表，如果 properties 等于字符串 'all'，则所有下述的度量数据都将被计算，如果 properties 没有指定或者等于 'basic'，则属性'Area'、'BoundingBox'和'Centroid'将被计算。

度量数据：

• Area：区域中的像素总数。

• BoundingBox：包含区域的最小矩形。即向量[x, y, xl, yl]，x 和 y 是区域左上角的坐标，xl 和 yl 分别是 x 方向、y 方向的长度。

• Centroid：区域的质心(重心)。即向量[x, y]，x 和 y 是质心的坐标。

• ConvexHull：包含区域的最小凸多边形。这是一个 **P**×2 的矩阵，每一行代表一个多边形顶点的坐标。

• ConvexImage：画出上述区域的最小凸多边形。

• EquivDiameter：与区域具有相同面积的圆的直径。

• EulerNumber：欧拉数。区域中的对象数减去这些对象的孔洞数。

示例程序 1:模板匹配法图像识别。

```
clc;  clear all;  close all;
im= imread('cameraman.bmp');          % 读入灰度图像
mask= imread('maskman.bmp ');         % 读入待搜索的模板图像
[m1, n1]= size(im);
[m2, n2]= size(mask);
dst= zeros(m1- m2+ 1,n1- n2+ 1);
vecmask= double(mask(:));             % 模板图像转换成向量
normmask= norm(vecmask);              % 计算向量的范数即模长
for i= 1:m1- m2+ 1
    for j= 1:n1- n2+ 1
        sub= im(i:i+ m2- 1, j:j+ n2- 1);
        temp= double(sub(:));         % 子图像转换成向量
        dst(i,j)= temp'* vecmask/(norm(temp)* normmask+ eps);   % 计算相关度
    end
end
[x,  y] =  find(dst= = max(dst(:)));                            % 定位最大响应位置
figure;  imshow(im);
hold on;
rectangle('position', [y, x, m2- 1, n2- 1], 'edgecolor', 'r');   % 画出识别的人脸框
title('搜索结果');
figure;
imshow(mask);  title('模板图');
```

运行结果,如图 1-9-1 和图 1-9-2 所示。

图 1-9-1 搜索结果

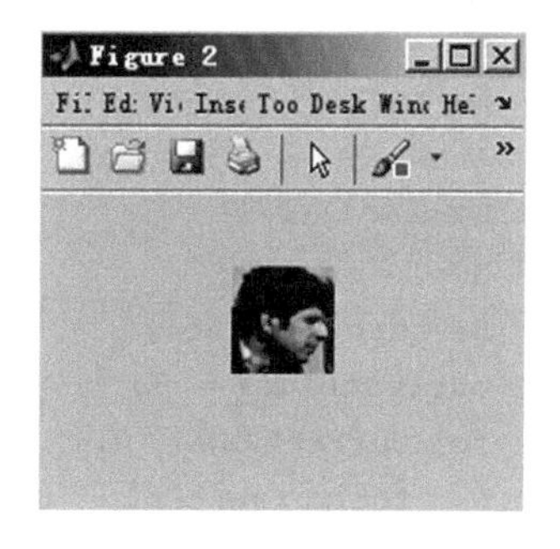

图 1-9-2 模板图

示例程序 2:利用最近邻法分类 3 种鸢尾属植物。

Matlab 中自带有鸢尾属植物数据集 fisheriris,包含有 setosa、versicolor 和 virginica 三类鸢尾属植物,每类有 50 组数据。矩阵 meas 中包含 150 个植物样本,其中每一行代表一个植物样本的特征向量。

```
clc; clear all;  close all;
load fisheriris                         % 载入鸢尾属植物数据集
train1= meas(1:25, :);                  % 各取 meas- setosa 的 25 组数据
test1= meas(26:50, :);
train2= meas(51:75, :);                 % 各取 meas- versicolor 的 25 组数据
test2= meas(76:100, :);
train3= meas(101:125, :);               % 各取 meas- virginica 的 25 组数据
test3= meas(126:150, :);
mean1= mean(train1);                    % 25 个 meas- setosa 样本的平均向量
mean2= mean(train2);                    % 25 个 meas- versicolor 样本的平均向量
mean3= mean(train3);                    % 25 个 meas- virginica 样本的平均向量
test= cat(1, test1, test2, test3);      % 包含 75 组数据的测试样本集
label(1:25)= 1; label(26:50)= 2; label(51:75)= 3;   % 测试样本集的类别标签
classlabel= zeros(1, 75);
for i= 1:75
  dis(1)= norm(test(i, :) - mean1);  % 计算测试样本与 meas- setosa 类的距离
  dis(2)= norm(test(i, :) - mean2);  % 计算测试样本与 meas- versicolor 类的距离
  dis(3)= norm(test(i, :) - mean3);  % 计算测试样本与 meas- virginica 类的距离
  [mindis, classlabel(i)]= min(dis); % 计算最小距离
end
nerr= sum(classlabel~ = label);      % 计算识别率
rate= 1 -  nerr/75;
rateout= ['识别率为:', num2str(rate* 100), '% ']
```

示例程序 3：利用贝叶斯法识别手写数字

在手写数字样本文件 templet. mat 中，结构体数组 pattern 用来保存手写数字类样本，结构体变量成员 num 表示每类手写数字的样本数量，成员 feature 是由样本的特征向量（列向量）所组成的矩阵，其大小为 25×num 的特征矩阵。

```
clc;  clear all;  close all;
load templet pattern;                   % 加载 10 个手写数字样本库，每个数字含 num 个样本
% 提取输入样本的特征构造特征向量
function  fea= sampleTraining(im)       % 输入样本 im 的行列数需定义成 5 的倍数
    thresh= graythresh(im);             % 确定阈值
    A= im2bw(im, thresh);               % 图像二值化
    [row col] =  size(A);               % 取得样本的行列数
    bRow =  row/5;                      %  将 A 分割成 5×5 的小块，即样本维数降为 25
    bCol =  col/5;
    B= zeros(1,  25);
    currentblock =  1;                  % 计算第 1 个小块
    for currentRow =  0:4
        for currentCol =  0:4
            count =  0;                 % 每块中为 0 的像素点个数
        for i =  1:bRow                 % 计算每块中为 0 的数量
            for j =  1:bCol
                if(A(currentRow* bRow+ i, currentCol* bCol+ j)= = 0)
                    count= count+ 1;
                end
            end
```

```
        end
          ratio = count/(bRow* bCol);       % 计算块中黑色像素的占比
            B(1,currentCell) = ratio;       % 将每个占比统计在 B 特征向量中
            currentCell = currentCell+ 1;   % 计算下一个小块
        end
    end
    fea= B';                                % 输入样本的特征向量
end

% 构造训练样本集
    for i = 1:10
        for j = 1: pattern(i).num
            fea = sampleTraining(pattern(i));
            pattern(i).feature(:, j)= fea;
        end
    end
    % 设计贝叶斯分类器
    function y = bayesClass(sample)
    % sample 为待识别的样本特征(1 列 25 行的概率矩阵)
    sum = 0;
    prior = [ ];                        % 先验概率
    p = [ ];                            % 各类别代表点
    likelihood = [ ];                   % 条件概率
    pwx = [ ];                          % 后验概率
    for i= 1:10     % 计算先验概率
        sum = sum+ pattern(i).num;      % 计算样本总数
    end
    for i= 1:10
        prior(i) = pattern(i).num/sum;  % 计算先验概率
    end
    % 计算条件概率
    for i= 1:10                         % 10 类数字样本
        for j= 1:25                     % 25 个小块
            sum = 0;
            for k= 1:pattern(i).num
                if(pattern(i).feature(j, k)> 0.05)     % 阈值:0.05
                    sum = sum+ 1;
                end
            end
            p(j, i) = (sum+ 1)/(pattern(i).num+ 2);   % 计算概率估计值
        end
    end
    for i= 1:10
        sum = 1;
        for j= 1:25
            if(sample(j)> 0.05)
                sum = sum* p(j,i);  % 若待测样本的概率大于 0.05 则认为特征值为 1,乘 p(j,i)
            else
```

```
                sum = sum* (1- p(j,i));% 若待测样本的概率小于 0.05 则认为特征值为 0,乘 1- p(j,i)
            end
        end
        likelihood(i) = sum;                          % 将条件概率赋值给 likelihood
    end
    % 计算后验概率
    sum = 0;
    for i= 1:10
        sum = sum+ prior(i)* likelihood(i);        % 概率求和
    end
    for i= 1:10
        pwx(i) = prior(i)* likelihood(i)/sum;      % 贝叶斯公式
    end
    [maxval maxpos] = max(pwx);                    % 计算最大值和其所在位置
    y= maxpos- 1;                                  % 返回手写数字的类号
    % 测试:
    x = imread('testim.jpg');
    feat= sampleTraining(x);
    classify = bayesClass(feat);
    fprintf('识别结果为:% d', classify);
```

9.3 实验指导

实验示例:基于肤色的人脸检测

(1)实验内容

输入一幅图像,判断图像中是否存在人脸,如果图像中有人脸图像则对人脸区域进行标记。通过人脸宽高比和人眼检测算法对肤色区域进行判断是否为人脸区域,并将人脸区域用红色方框圈出。

(2)实验原理和方法

由于输入的彩色图像通常为RGB模式图像,这种彩色图像不利于人的视觉感知,因此首先将RGB颜色空间转换到YCbCr颜色空间,色度信息在Cb和Cr分量中,其受亮度变化的影响小,能较好地限制肤色分布区域。人脸检测过程主要包括肤色提取、人脸确认和人脸标记,利用肤色模型可以较精确地将人脸和非人脸区域分割开来,当区域内判断有眼睛存在时,可断定此区域为人脸区域,并对确认的人脸区域进行标记。

(3)参考程序

```
clc; clear all; close all;
I= imread('im.jpg');              % 读入原始图像
% 肤色提取:基于 YCbCr 的色彩空间建立肤色模型,利用 YCbCr 色彩空间中 Cb(蓝色分量)、Cr(红色分量)的高聚类性,采用 Cb、Cr 椭圆聚类方法进行肤色建模,当判断为肤色像素点时其值设为 255,非肤色像素点的值则设为 0。
g= rgb2gray(I);
```

```
y= rgb2ycbcr(I);                    % 将图像转化为 YCbCr 空间图像
[height, width]= size(g);
for i= 1:height                     % 利用肤色模型二值化图像
    for j= 1:width
        Y= y(i,j,1);                % 取 Y 分量
        Cb= y(i,j,2);               % 取 Cb 分量
        Cr= y(i,j,3);               % 取 Cr 分量
        if(Y< 80)                   % 如果亮度小于 80,则将灰度图像对应像素点设为 0
            g(i, j)= 0;
        elseif(distinguish(Y,Cb,Cr)= = 1)        % 根据色彩模型进行图像二值化
            g(i,j)= 255;  % 当判断该像素点为肤色,则将灰度图像对应像素点设为 255,即白色
        else
            g(i,j)= 0;     % 当判断该像素点为非肤色,则将灰度图像对应像素点设为 0,即黑色
        end
    end
end
se= strel('square',5);              % 设置结构元
g= imopen(g,se);                    % 对二值图像进行开操作,去除噪声
figure;  imshow(g);  title('二值图像');
```

% 人脸确认:从二值图像中,选取出图中的白色区域,度量区域属性。当区域宽度小于 40 或者高度小于 40 或者面积小于 700 时,将判定这是非人脸区域;当不满足前面三个条件时,如果此区域满足人脸的宽高比例和人眼检测算法的判断,即判定这是人脸区域

```
[L,  num]= bwlabel(g);          % 寻找二值图像中的连通区域
stats= regionprops(L, 'BoundingBox');      % 度量区域属性,'BoundingBox'是包含区域的最小矩形,该区域应在最小矩形内部
n= 1;                                 % 存放经过筛选以后得到的所有矩形块
r= zeros(n,  4);                      % 构造一个 n×4 的零矩阵
figure,  imshow(I);  title('检测结果');
hold on;                              % 保留原图像,并再画新图像
for i= 1:num                          % 筛选特定区域
    box= stats(i).BoundingBox;  % 获取包含区域的最小矩形
    x= box(1);                        % 矩形坐标 X
    y= box(2);                        % 矩形坐标 Y
    w= box(3);                        % 矩形宽度 w
    h= box(4);                        % 矩形高度 h
    scale= h/w;                       % 宽度和高度的比例
    u_x= uint16(x);  u_y= uint8(y);
    if w< 40 || h< 40|| w* h< 700 % 矩形长宽的范围和矩形的面积可自行设定,这是矩形框大小
        continue
    elseif scale< 2.5 && scale> 0.6 && eyes(g,u_x,u_y,w,h)= = 1  % 根据“三庭五眼”规则,人脸的长宽比高度和宽度比例应该在(0.6, 2)内,记录可能为人脸的矩形区域
        r(n, :)= [u_xu_y w h];      % 将 u_x、u_y、w、h 这四个值存入到第 n 行
        n= n+ 1;                      % 经过筛选后的矩形块数目 n 加 1
    end
end
```

% 人脸区域标记:对已存储的人脸矩形区域进行标记。如果人脸区域的数目等于 1,则直接依据此矩形区域的属性设置红色矩形框属性,进行人脸区域标记;如果人脸区域的数目大于 1,则获取所有矩形区域

```
中最小的宽度值、高度值来对红色矩形框的宽度、高度进行设置
    if size(r,1)= = 1 && r(1,1)> 0   % 判断是否只有一个筛选过后的矩形块
          % 对可能是人脸的区域进行标记
          rectangle('Position',[r(1,1),r(1,2),r(1,3),r(1,4)],'EdgeColor','r');% 画红
色的方形边框
      else
          % 如果满足条件的矩形区域大于 1,则进行其他信息的筛选
          m= 0; A1= [  ];  A2= [  ];
          for i= 1:size(r,1)
                a1= r(i,1);          % 读第 i 行第 1 个值
                a2= r(i,2);          % 读第 i 行第 2 个值
                a3= r(i,3);          % 读第 i 行第 3 个值
                a4= r(i,4);          % 读第 i 行第 4 个值
                % 得到符合和人脸匹配的数据
                if a1+ a3< width && a2+ a4< height && a3< 0.2* width      % 矩形框不会超出
图像大小的条件
                    m= m+ 1;
                    A1(m)= a3;  A2(m)= a4;
                end
            end
            % 得到人脸长度和宽度的最小区域
            A3= [  ];  A3= sort(A1)% 升序排列
            A4= [  ];  A4= sort(A2);
            % 根据得到的数据标定最终的人脸区域
            for i= 1:size(r,1)
                a1= r(i,1);          % 读第 i 行第 1 个值
                a2= r(i,2);          % 读第 i 行第 2 个值
                % 最终确定人脸
                a3= A3(1);           % 选取 A3 中的第一个位置的值,即为矩形框最小的宽度
                a4= A4(1);           % 选取 A4 中的第一个位置的值,即为矩形框最小的高度
                rectangle('Position',[a1,a2,a3,a4],'EdgeColor','r'); % 画红色矩形框
            end
        end
        function d = distinguish(Y, Cb, Cr)
            % 肤色和非肤色区域分割函数,根据当前点的 Cb、Cr 值判断是否为肤色
            % 肤色建模中椭圆模型的参数
            a= 25.39;  b= 14.03;
            ecx= 1.60;  ecy= 2.41;
            sita= 2.53;
            cx= 109.38;  cy= 152.02;
            M= [cos(sita) sin(sita); - sin(sita) cos(sita)];
            % 如果亮度大于 230,则将长短轴同时扩大为原来的 1.1 倍
            if(Y> 230)
                a= 1.1* a;
                b= 1.1* b;
            end
            Cb= double(Cb);
```

```
        Cr= double(Cr);
        T = [(Cb- cx);(Cr- cy)];
        tem= M* T;
        v= (tem(1)- ecx)^2/a^2+ (tem(2)- ecy)^2/b^2;
        % 大于 1 则不是肤色,返回 0;否则为肤色,返回 1
        if v> 1
          d= 0;
        else
          d= 1;
        end
end
function e= eyes(I, x, y, w, h)
      % 人眼检测函数,判断所标记区域是否为人脸的函数
      M= zeros(h,  w);                  % 二值化函数处理,255 和 0
      for i= y:(y+ h)                   % 对区域中像素点进行"黑白颠倒"
          for j= x:(x+ w)
              if I(i,j)= = 0            % 判断是否为二值图像中黑色的部分
                  M(i- y+ 1,j- x+ 1)= 255;  % 在相应的像素点位置设置为白色
              else
                  M(i- y+ 1,j- x+ 1)= 0;    % 在二值图像中为白色的部分相应的像素点位置
设置为黑色
              end
          end
      end
        [L, n]= bwlabel(M);      % 寻找二值图像中的连通区域,选出图中的白色区域,n 是 M 中
连通区域的个数
     % 判断眼睛算法,如果区域中有两个以上的矩形则认为有眼睛
     if n< 2
        e= 0;           % 如果小于 2 个,返回 0 表示区域中没有眼睛,不是人脸
     else
        e= 1;           % 如果大于或等于 2 个,返回 1 表示区域中可能有眼睛,可能是人脸
     end
end
```

(4)实验结果与分析

实验结果如图 1-9-3 所示。

从上面的结果可以看出,对于含有人脸图片的人脸检测有比较好的效果,有较强的健壮性,特别是对于肤色与背景有明显差距的情况下效果较好。不足在于当背景与肤色比较接近时,或者是对象的裸露肤色太多时,结果会有一定的不确定性,这是由于在 YCbCr 彩色空间中,当肤色与背景较接近时,会产生假脸信息。

图 1-9-3 人脸检测

9.4 实验项目

实验项目：英文字符和数字的识别

(1)实验目的

① 了解图像识别的基本概念。

② 理解用模板匹配法进行图像识别的基本原理。

③ 掌握图像预处理和图像分割的常用方法。

④ 掌握图像识别的模板匹配方法。

(2)实验内容

输入一幅含有英文字符和数字的图像，对输入图像进行预处理操作(包括灰度化处理、去除噪声、二值化等)，并从得到的图像中分割出各英文字符和数字区域，最后使用模板匹配方法识别出英文字符和数字。

第二篇

数字图像处理实训案例

本篇使用8个涉及现实生活的实例作为实训，进一步加强图像编程的实际训练，以达到“项目驱动、学用结合”实践教学目的，具体包括细胞计数器、数字水印、自动人脸识别、身份证号码识别、车牌自动识别、图像去雾处理、照片特效处理和基于Matlab的医学图像处理系统，每一个实训又包含实训目的、实训内容、实现步骤、实现程序等内容。

实训1 细胞计数器

一、实训目的

能够运用图像类型转换、滤波处理、逻辑运算、灰度变换和形态学处理等方法对图像进行综合处理,掌握应用 bwlabel()函数统计图像中连通区域个数的方法。

二、实训内容

细胞计数是学习生物学上不可或缺的一步,通过显微镜下观察到的载玻片细胞数繁杂凌乱,很难用肉眼进行精确的计数,而且十分容易出错,因此,本实训对计算机采样的细胞图像进行处理,自动统计出采样图上细胞的数量。主要采用图像平滑滤波和形态学处理方法结合染色细胞核的主要特点,设计一个小型的细胞计数器,方便某些情况下对图片中的细胞数目进行统计,从而避免在进行人工计数时发生错误。

三、实现步骤

① 图像二值化:将读入的图像上的像素点灰度值设置为 0 或 255,使得整个图片看起来只有黑色和白色,方便后续操作。

② 中值滤波:利用中值滤波算法对图像进行平滑滤波处理,对含有噪声的图像进行去噪处理,以便后续更好地区别图像中的每个细胞。

③ 或运算优化:将二值化图像与中值滤波后的图像运用"或运算"进行优化,目的是去除掉背景中部分不含细胞核但是颜色又较深的细胞碎片,将其变为白色,使之和背景融为一体,避免后续操作对那些细胞碎片产生"误计数"。

④ 图像取反:因为后续要用到 Matlab 中的 bwlabel()标记函数,该函数将标记黑色图像中白色的连通区域,所以先要对图像进行取反,将黑色的细胞核变为白色,从而使这些细胞核可以被 bwlabel()函数甄别。

⑤ 图像填充:进行图像填充的目的是使呈白色的细胞核看起来更加清晰,避免一些颜色较淡的细胞核因为处理不完善被识别为两个细胞。

⑥ 图像开运算:使用形态学处理的开运算对图像进行先腐蚀后膨胀处理,以便消除图像中的细小物体、纤细点等(即消除细胞碎片)。

⑦ 细胞计数:使用 bwlabel()函数对图像中的细胞物体进行标记并计数,并将那些连通域过大的标记视为两个细胞。

四、实现程序

```
im= imread('timg.jpg');
bw= im2bw(im);
subplot(2,3,1);
imshow(bw);
title('二值图像');
```

```
zz= medfilt2(bw,[3 3]);
subplot(2,3,2);
imshow(zz);
title('滤波后图像');
hys= bw|zz;                        % 或运算
subplot(2,3,3);
imshow(hys);
title('优化后图像');
qf= ~ hys;                         % 取反运算
subplot(2,3,4);
imshow(qf);
title('取反后图像');
tc= bwfill(qf,'holes');            % 填充图像
subplot(2,3,5);
imshow(tc);
title('填充后图像');
SE= strel('disk',4);
kys= imopen(tc,SE);                % 开运算
subplot(2,3,6);
imshow(kys);
title('开运算后图像');
% % 统计细胞个数
[Array Number]= bwlabel(kys,8);% 图像中连通区域的个数存放于 Number 中
Sum= [  ];
for i= 1:Number
    [r,c]= find(Array= = i);       % 将位置信息存入矩阵[r,c]
    rc= [r c];
    Num= length(rc);
    Sum([i])= Num;
end
N= 0;
for i= 1:length(Sum)               % 判断粘连细胞
    if(Sum([i]))> 2000             % 如果 Sum 数组中的元素个数过大,则默认表示像素点过多,
有两个细胞相连,需要将其分为两个细胞
        N= N+ 1;
    end
end
Number= Number+ N
```

用于测试的图像如图 2-1-1 所示。

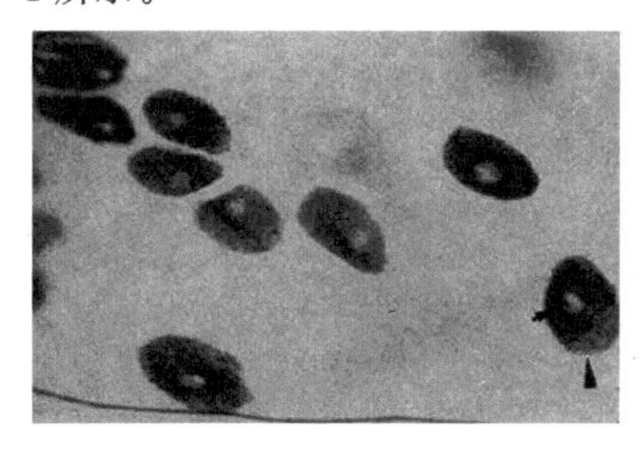

图 2-1-1　用于测试的图像

测试结果如图 2-1-2 所示。

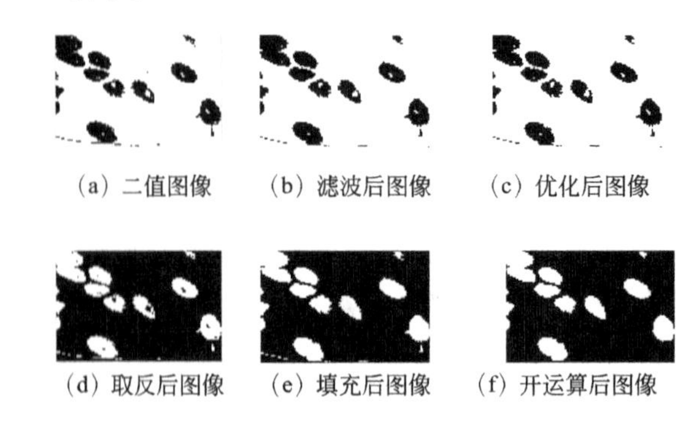

(a) 二值图像　(b) 滤波后图像　(c) 优化后图像

(d) 取反后图像　(e) 填充后图像　(f) 开运算后图像

图 2-1-2　测试结果

```
Number=13
```

实训 2　数字水印

一、实训目的

理解图像数字水印的基本原理，能够将离散余弦变换(DCT)方法应用于图像的数字水印中，初步掌握图像中水印的嵌入、简单的水印攻击和水印检测的基本方法。

二、实训内容

数字水印是通过一定的算法将特定的信息(水印)嵌入需要保护的多媒体数据中，而不影响原始数据的正常使用，主要用于数字产品的知识产权保护、产品防伪等方面。目前的图像水印处理算法分为空域水印处理算法和变换域水印处理算法两大类，本实训基于变换域水印处理算法先将原始图像通过离散余弦变换，将图像变换到频率域，然后在频率域嵌入水印信息，并对含水印的图像进行攻击测试，最后经过反变换输出含有水印信息的空域图像。

三、实现步骤

① 读取水印图像：读取作为水印的图像，使用 rgb2gray()函数使其变成灰度图，然后使用 im2bw()函数将灰度图像进一步转换成二值图。

② 读取载体图像和生成水印信息：读取待嵌入水印信息的图像即载体图像，使用服从高斯分布的随机数序列生成水印信息。

③ 将水印图像嵌入载体图像：对载体图像进行离散余弦变换，把载体图像分成 8×8 的矩阵，并在变换域上将水印信息嵌入所得到的频谱图像中。

④ 对载体图像进行攻击实验；对含水印信息的载体图像进行噪声干扰、滤波、剪切、旋转等攻击方式进行测试，以便测试水印嵌入算法的健壮性。

⑤ 从载体图像中提取水印信息：通过 blkproc()函数做 DCT 逆变换后提取出水印信息。

四、实现程序

```
% 水印图像和载体图像%
clc; close all; clear all;
mark = imread('mark.bmp');          % 读入水印图像
mark= im2bw(mark);
[rm,cm]= size(mark);                % 计算水印图像的长宽
img = imread('lena.bmp');           % 读入载体图像
[r,c]= size(img);
subplot(2,3,1), imshow(mark),title('水印图像');
subplot(2,3,2),imshow(img,[ ]),title('载体图像');

% 水印嵌入%
dctimg= blkproc(img,[8 8],'dct2');  % 将载体图像分为8×8的小块,每一块内做二维DCT变换,结果记入矩阵dctimg

alpha= 30;                     % 尺度因子,控制水印添加的强度,决定了频域系数被修改的幅度
k1= randn(1,8);                     % 产生两个不同的随机序列
k2= randn(1,8);
dctimg1 = dctimg;                   % 初始化载入水印的结果矩阵
for i= 1:rm                         % 在频谱图像中嵌入水印
    for j= 1:cm
        x= (i- 1)* 8;  y= (j- 1)* 8;
        if mark(i,j)= = 1
        k= k1;
        else
        k= k2;
    end
      dctimg1(x+ 1,y+ 8)= dctimg(x+ 1,y+ 8)+ alpha* k(1);
        dctimg1(x+ 2,y+ 7)= dctimg(x+ 2,y+ 7)+ alpha* k(2);
        dctimg1(x+ 3,y+ 6)= dctimg(x+ 3,y+ 6)+ alpha* k(3);
        dctimg1(x+ 4,y+ 5)= dctimg(x+ 4,y+ 5)+ alpha* k(4);
        dctimg1(x+ 5,y+ 4)= dctimg(x+ 5,y+ 4)+ alpha* k(5);
        dctimg1(x+ 6,y+ 3)= dctimg(x+ 6,y+ 3)+ alpha* k(6);
        dctimg1(x+ 7,y+ 2)= dctimg(x+ 7,y+ 2)+ alpha* k(7);
        dctimg1(x+ 8,y+ 1)= dctimg(x+ 8,y+ 1)+ alpha* k(8);
    end
end
result= blkproc(dctimg1,[8 8],'idct2');    % 将经处理的图像分为8×8的小块,每一块内做二维DCT逆变换
subplot(2,3,3),imshow(result,[  ]),title('嵌入水印的图像');

% 水印攻击%
disp('请选择对图像的攻击方式:');
disp('1. 添加椒盐噪声');
disp('2. 高斯低通滤波');
disp('3. 图像剪切');
disp('4. 图像旋转');
```

```
disp('5. 不处理图像,直接显示提取水印');
disp('输入其他数字则直接显示提取水印');
choice= input('请输入选择:');
switch choice                          % 读入输入时选择  withmark 为等待提取水印的图像
    case 1
        result_1= result;
        result_1= imnoise(result_1,'salt & pepper',0.02); % 加入椒盐噪声
        subplot(2,3,4),imshow(result_1,[  ]);
        title('加入椒盐噪声后的图像');
        withmark= result_1;
    case 2
        result_2= result;
        H= fspecial('gaussian',[4,4],0.2);
        result_2= imfilter(result_2,H);
        subplot(2,3,4),imshow(result_2,[ ]);
        title('高斯低通滤波后的图像');
        withmark= result_2;
    case 3
        result_3= result;
        result_3(1:64,1:c)= 512;   % 使图像上方被剪裁
        subplot(2,3,4),imshow(result_3,[ ]);
        title('上方剪切后的图像');
        withmark= result_3;
    case 4
        result_4=  result;
        result_4= imrotate(result_4,10,'bilinear','crop');   % 旋转 10°
        subplot(2,3,4),imshow(result_4,[ ]);
        title('旋转 10°后的图像');
        withmark= result_4;
    case5
        subplot(2,3,4),imshow(result,[ ]);
        title('未受攻击的水印图像');
        withmark= result;
    otherwise
        disp('输入数字选择无效,图像未受攻击,直接提取水印');
        subplot(2,3,4),imshow(result,[ ]);
        title('未受攻击的水印图像');
        withmark= result;
end

% 水印提取%
withmark1 = blkproc(withmark,[8,8],'dct2');
p= zeros(1,8);                           % 初始化提取数值用的矩阵
mark1 =  zeros(rm,cm);
for i= 1:rm
    for j= 1:cm
        x= (i- 1)* 8; y= (j- 1)* 8;
        p(1)=  withmark1(x+ 1,y+ 8); % 将之前改变过数值的点的数值提取出来
```

```
        p(2)= withmark1(x+ 2,y+ 7);
        p(3)= withmark1(x+ 3,y+ 6);
        p(4)= withmark1(x+ 4,y+ 5);
        p(5)= withmark1(x+ 5,y+ 4);
        p(6)= withmark1(x+ 6,y+ 3);
        p(7)= withmark1(x+ 7,y+ 2);
        p(8)= withmark1(x+ 8,y+ 1);
        if corr2(p,k1)> corr2(p,k2)   % corr2 计算两个矩阵的相似度,越接近% 1 相似度
                                        越大
            mark1(i,j)= 1;  % 比较提取出来的数值与随机频率 k1 和 k2 的相似度,还原水印图样
        else
            mark1(i,j)= 0;
        end
    end
end
mark2 = uint8(mark1);
subplot(2,3,5), imshow(mark2,[ ]),title('提取出的水印');
subplot(2,3,6), imshow(mark),title('原嵌入水印');
```

测试结果如图 2-2-1 所示。

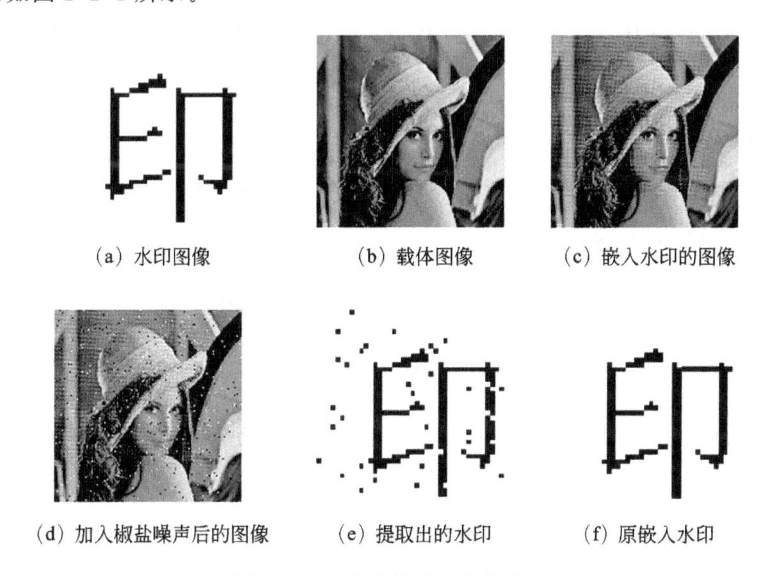

(a) 水印图像　(b) 载体图像　(c) 嵌入水印的图像

(d) 加入椒盐噪声后的图像　(e) 提取出的水印　(f) 原嵌入水印

图 2-2-1　水印的嵌入与提取

实训 3　自动人脸识别

一、实训目的

理解人脸图像识别技术的基本原理,了解人脸图像识别的主要过程,初步掌握人脸识别技术的基本方法,学会使用 Matlab 工具箱尝试解决一些较为复杂的问题。

二、实训内容

人脸识别是生物特征识别的最新应用，它集成了人工智能、机器识别、机器学习、模型理论、专家系统、视频图像处理等多种专业技术，主要应用于身份识别。本实训运用数字图像处理方法，采用人脸识别技术将输入的测试图像与人脸数据库进行比对，从而实现快速身份识别。

三、实现步骤

① 建立人脸图像训练样本库：将训练样本库中的人脸图像转换成一维向量保存在一个矩阵中。

② 建立特征脸子空间：首先对训练样本库中的所有人脸图像求平均值得到平均脸，然后计算训练样本库中每张人脸与平均脸之差，再利用此差值求出人脸图像的协方差矩阵，最后建立特征脸子空间。

③ 计算所有训练样本的投影：将训练样本库中的人脸图像投影到特征脸子空间，并计算出非样本库中人脸的判别阈值。

④ 进行人脸识别：把待识别的人脸图像投影到特征脸子空间得到投影向量，计算测试图像和由特征脸子空间重建的图像之间的距离，并利用此距离值进行阈值判断，即输入的测试图像是否在样本人脸库中。

四、实现程序

```
% 建立人脸图像训练样本库%
clc; clear all; close all;
N= 100;
X= zeros(112* 92,N);          % 样本库中每张人脸图像的大小为 112×92,共计 100 张
for i= 1:N
    img= imread(['训练样本库\',int2str(i),'.bmp']);     % 读入第 i 张人脸图像
    for j= 1:10304
        X(j,i)= img(j);    % 人脸图像矩阵转换成一维向量保存在矩阵 X 中
    end
end

% 建立特征脸子空间%
ave= sum(X')/N;               % 计算平均脸
ave= ave';
A= zeros(112* 92,100);
for i= 1:100
    A(:,i)= X(:,i)- ave;    % 求每张人脸与平均脸之差
end
B= A'* A;                     % 计算协方差矩阵
[vv dd]= eig(B);              % 求矩阵 B 的全部特征值(从小到大排列),构成对角阵 dd,并求 A 的
特征向量构成 vv 的列向量
d= zeros(100,100);
v= zeros(100,100);
for i= 1:100
```

```
    d(i,i)= dd(101- i,101- i);
    v(:,i)= vv(:,101- i);       % 将特征值从大到小排列
end
sum1= 0;
for i= 1:100
    sum1= sum1+ d(i,i);         % 计算所有特征值之和
end
z= 100;
for k= 1:100
    s= 0;
    for j= 1:k                  % 取前 k 个特征值
        s= s+ d(j,j);
    end
    if(s/sum1> = 0.99)&&(k< = z)
        z= k;
     break
    end
end
W= zeros(10304,z);
for j= 1:z
    W(:,j)= A* v(:,j)/sqrt(d(j,j));  % W 为特征脸子空间
end

% 训练样本库中的人脸投影到特征脸子空间,并计算判别阈值%
P= zeros(z,100);
for i= 1:100
    P(:,i)= W'* A(:,i);         % 把每张人脸到平均脸之差投影到特征脸子空间
end
yu= zeros(100,100);
for i= 1:100
    for j= 1:100
        ss= norm(P(:,i)- P(:,j));
        yu(i,j)= ss;
    end
end
y0= max(max(yu));               % 设置阈值来判断出现非样本库中的人脸
y0= y0/2;

% 进行人脸识别%
img1= imread(['测试样本库\',int2str(38),'.bmp']);    % 读入测试图像
subplot(1,2,1);imshow(img1); title('待识别的人脸');
I= zeros(10304,1);
for i= 1:10304
    I(i)= img1(i);
end
P01= W'* (I- ave);              % 把待识别的人脸投影到特征脸子空间,得到向量
dis= zeros(100,1);
for i= 1:100                    % 计算测试图像和由特征脸子空间重建的图像之间的距离
```

```
    dis(i)= norm(P01- P(:,i));
end
[mindis index]= min(dis);

if mindis> = y0
    fprintf('输入的图像不在人脸库中');
else
    fprintf('输入的图像为库中第% d张人脸',index);
    subplot(1,2,2);
    imshow(imread(['训练样本集\',int2str(index),'.bmp']));
    title('识别的结果');
end
```

测试结果如图2-3-2所示。

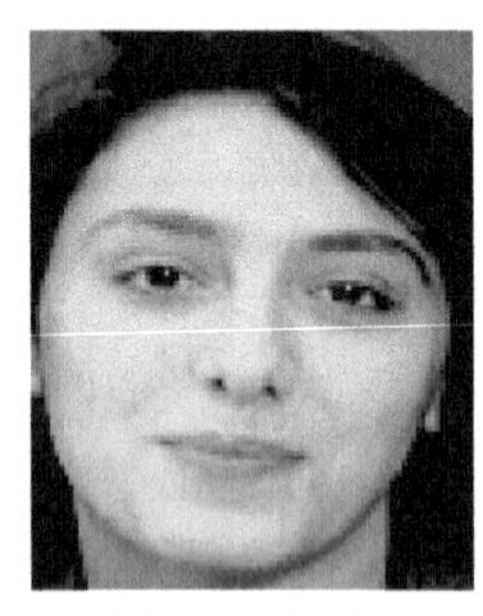

(a) 待识别的人脸

(b) 识别的结果

图2-3-1 自动人脸识别

实训4 身份证号码识别

一、实训目的

理解数字图像识别的基本原理，掌握图像分割的基本方法，能够提取出图像中的局部对象特征，初步掌握应用相似系数最大和结构特征一致的分类识别准则进行图像识别处理。

二、实训内容

作为居民身份的标识，身份证已成为生活中必不可少的证件。本实训以我国第二代居民身份证识别为研究对象，利用计算机图像识别技术，实现身份证号码的自动识别。首先从身份证图像中获取0～9共10个号码数字的样本图像，从中提取其空间分布特征和结构特征，再从待识别的身份证图像中提取各号码数字的空间分布特征和结构特征，最后用相似系数最大和结构特征一致准则对各号码进行识别，应用Matlab编程实现身份证号码的快速识别。

三、实现步骤

① 输入样本数字图像：读取样本数字图像并转换为二值图像。

② 统计各样本数字特征：从身份证图像中获取0～9共10个号码数字的样本图像，从中提取其空间分布特征和结构特征。

③ 获取身份证号码并进行二值化：读取身份证图像并转换为二值图像。

④ 统计目标数字对象的分布特征：获取目标对象并计算欧拉数，将二值图像中的10个数字分别分割出来，并提取每个数字的位置和形状特征。

⑤ 身份证号码的数字识别：根据相似系数最大和结构特征一致准则对各号码进行识别。

四、实现程序

```
% 读入样本数字图像并二值化
clc; clear all; close all;
RGB= im2double(imread('shuzi.png'));      % 样本数字图像:0123456789
[height,width,n]= size(RGB);
BW= zeros(height,width);
for i= 1:height
    for j= 1:width
        r= RGB(i,j,1);
        g= RGB(i,j,2);
        b= RGB(i,j,3);
        if(0.299* r+ 0.587* g+ 0.114* b< 0.5)
            BW(i,j)= 1;
        else
            BW(i,j)= 0;
        end
    end
end

% 预处理并统计各样本数字的分布特征
width= width/10;
N= zeros(10,5);
digital= zeros(10,10);
E= zeros(1,10);
for k= 0:9
    A= BW(:,1+ k* width:width+ k* width);
    B= [  ];
    for i= 1:width
        a= A(:,i);
        if sum(a)~ = 0
            B= [B a];
        end
    end
    Sample= [  ];
    for j= 1:height
        b= B(j,:);
        if sum(b)~ = 0
            Sample= [Sample;b];
        end
```

```
    end
    E(k+ 1)= bweuler(Sample,8);                              % 计算各样本的欧拉数
    [m,n]= size(Sample);
    for i= 1:m
        for j= 1:n
            if Sample(i,j)= = 1
                N(k+ 1,1)= N(k+ 1,1)+ 1;                     % 总白色点数
                digital(k+ 1,1)= digital(k+ 1,1)+ i;         % 横坐标和
                digital(k+ 1,2)= digital(k+ 1,2)+ j;         % 纵坐标和
                if i< m/2
                    N(k+ 1,2)= N(k+ 1,2)+ 1;                 % 上半部分白色点数
                    digital(k+ 1,3)= digital(k+ 1,3)+ i;     % 上半部分横坐标和
                    digital(k+ 1,4)= digital(k+ 1,4)+ j;     % 上半部分纵坐标和
                else
                    N(k+ 1,3)= N(k+ 1,3)+ 1;                 % 下半部分白色点数
                    digital(k+ 1,5)= digital(k+ 1,5)+ i;     % 下半部分横坐标和
                    digital(k+ 1,6)= digital(k+ 1,6)+ j;     % 下半部分纵坐标和
                end
                if j< n/2
                    N(k+ 1,4)= N(k+ 1,4)+ 1;                 % 左半部分白色点数
                    digital(k+ 1,7)= digital(k+ 1,7)+ i;     % 左半部分横坐标和
                    digital(k+ 1,8)= digital(k+ 1,8)+ j;     % 左半部分纵坐标和
                else
                    N(k+ 1,5)= N(k+ 1,5)+ 1;                 % 右半部分白色点数
                    digital(k+ 1,9)= digital(k+ 1,9)+ i;     % 右半部分横坐标和
                    digital(k+ 1,10)= digital(k+ 1,10)+ j;   % 右半部分纵坐标和
                end
            end
        end
    end
    digital(k+ 1,1)= digital(k+ 1,1)/N(k+ 1,1);              % 整体质心横坐标
    digital(k+ 1,2)= digital(k+ 1,2)/N(k+ 1,1);              % 整体质心纵坐标
    digital(k+ 1,3)= digital(k+ 1,3)/N(k+ 1,2);              % 上半部分质心横坐标
    digital(k+ 1,4)= digital(k+ 1,4)/N(k+ 1,2);              % 上半部分质心纵坐标
    digital(k+ 1,5)= digital(k+ 1,5)/N(k+ 1,3);              % 下半部分质心横坐标
    digital(k+ 1,6)= digital(k+ 1,6)/N(k+ 1,3);              % 下半部分质心纵坐标
    digital(k+ 1,7)= digital(k+ 1,7)/N(k+ 1,4);              % 左半部分质心横坐标
    digital(k+ 1,8)= digital(k+ 1,8)/N(k+ 1,4);              % 左半部分质心纵坐标
    digital(k+ 1,9)= digital(k+ 1,9)/N(k+ 1,5);              % 右半部分质心横坐标
    digital(k+ 1,10)= digital(k+ 1,10)/N(k+ 1,5);            % 右半部分质心纵坐标
end

% 获取身份证号码并进行二值化
I= imread('shenfenzheng.jpg');                               % 读入身份证图像
imshow(I), title('身份证图像');
I= im2double(I);
x1= 127; x2= 127+ 11;
y1= 190; y2= 210;
```

```
IDRGB= I(y1:y2,x1:x2,:);
for i= 1:17
    x1= 127+ 11* i;
    x2= 127+ 11* (i+ 1);
    C= I(y1:y2,x1:x2,:);
    IDRGB= [IDRGB C];
end
[IDheight,IDwidth,k]= size(IDRGB);
IDBW= zeros(IDheight,IDwidth);
for i= 1:IDheight
    for j= 1:IDwidth
        r= IDRGB(i,j,1);
        g= IDRGB(i,j,2);
        b= IDRGB(i,j,3);
        if(0.299* r+ 0.587* g+ 0.114* b< 0.5)
           IDBW(i,j)= 1;
        else
           IDBW(i,j)= 0;
        end
    end
end

% 预处理并统计目标数字对象的分布特征
IDwidth= IDwidth/18;
obj= zeros(18,10);
objN= zeros(18,5);
objE= zeros(1,18);
for k= 1:18
    IDA= IDBW(:,1+ (k- 1)* IDwidth:k* IDwidth);
    IDB= [  ];
    for i= 1:IDwidth
        IDa= IDA(:,i);
        if sum(IDa)~ = 0
          IDB= [IDB IDa];
        end
    end
    Object= [ ];
    for j= 1:IDheight
        IDb= IDB(j,:);
        if sum(IDb)~ = 0
            Object= [Object;IDb];
        end
    end
    objE(k)= bweuler(Object,8); % 计算欧拉数
    [m,n]= size(Object);
    for i= 1:m
        for j= 1:n
          if Object(i,j)= = 1
```

```
                objN(k,1)= objN(k,1)+ 1;
                obj(k,1)= obj(k,1)+ i;
                obj(k,2)= obj(k,2)+ j;
            if i< m/2
                objN(k,2)= objN(k,2)+ 1;
                obj(k,3)= obj(k,3)+ i;
                obj(k,4)= obj(k,4)+ j;
            else
                objN(k,3)= objN(k,3)+ 1;
                obj(k,5)= obj(k,5)+ i;
                obj(k,6)= obj(k,6)+ j;
            end
            if j< n/2
                objN(k,4)= objN(k,4)+ 1;
                obj(k,7)= obj(k,7)+ i;
                obj(k,8)= obj(k,8)+ j;
            else
                objN(k,5)= objN(k,5)+ 1;
                 obj(k,9)= obj(k,9)+ i;
                obj(k,10)= obj(k,10)+ j;
            end
          end
        end
      end
    obj(k,1)= obj(k,1)/objN(k,1);
    obj(k,2)= obj(k,2)/objN(k,1);
    obj(k,3)= obj(k,3)/objN(k,2);
    obj(k,4)= obj(k,4)/objN(k,2);
    obj(k,5)= obj(k,5)/objN(k,3);
    obj(k,6)= obj(k,6)/objN(k,3);
    obj(k,7)= obj(k,7)/objN(k,4);
    obj(k,8)= obj(k,8)/objN(k,4);
    obj(k,9)= obj(k,9)/objN(k,5);
    obj(k,10)= obj(k,10)/objN(k,5);
end

% 分类识别
String= '0123456789';
IDCardNO= '';
for k= 1:18
    R= 0.0;
    j= 0;
    x= obj(k,:);
    for i= 0:9
        y= digital(i+ 1,:);
        r= sum(x.* y)/sqrt(sum(x.* x)* sum(y.* y));     % 计算相似系数
        if r> R&objE(k)= = E(i+ 1)                      % 分类识别准则
        R= r;
```

```
        j= i;
      end
    end
    IDCardNO= strcat(IDCardNO,String(j+ 1));
end
    disp(IDCardNO); % 显示识别结果
```

实训5　车牌自动识别

一、实训目的

能够运用图像预处理、图像分割、图像分析等技术，分析汽车牌照的特点，正确获取整个图像中车牌的区域，并识别出车牌号，提高图像处理关键技术的综合应用能力。

二、实训内容

车牌自动识别是一项利用车辆的动态视频或静态图像进行牌照号码、牌照颜色自动识别的模式识别技术。主要包括车牌定位算法、车牌字符分割算法和光学字符识别算法等，利用牌照识别单元对图像进行处理，定位出牌照位置，再将牌照中的字符分割出来进行识别，然后组成牌照号码输出。

三、实现步骤

① 牌照图像采集及预处理：首先使用图像采集设备如手机采集到车牌号码，然后再进行预处理，包括灰度转换、边缘检测、增强处理、去除干扰等。

② 牌照定位：首先从采集到的视频图像找出符合汽车牌照特征的若干区域，然后对这些区域做进一步分析、判别，最后选定一个最佳的区域作为牌照区域，并将这个牌照区域从图像中分割出来，从而定位图片中的牌照位置。

③牌照字符分割：完成牌照区域的定位后，采用垂直投影法把牌照区域分割成单个字符，并对分割出来的车牌字符进行均值滤波、膨胀或腐蚀处理，以便去除字符当中的一些干扰点。

④ 牌照字符识别：将分割得到的字符的尺寸大小缩放为字符数据库中模板的大小，利用模板匹配算法将字符逐个与创建的字符模板中的字符进行匹配，选择最佳匹配作为输出结果，最后把识别出来的字符组成牌照号码。

四、实现程序

```
% 读入图像及预处理%
I= imread('car.jpg');          % 读入图像
I1 = rgb2gray(I);              % 将 RGB 图像转换成灰度图像
I2 =  edge(I1,'roberts',0.18,'both');        % 用 roberts 算子进行边缘检测
se= [1;1;1];
I3 =  imerode(I2,se);          %  对图像进行腐蚀操作,去掉一些多余的线条
se= strel('rectangle',[25,25]);
I4= imclose(I3,se);            %  对图像进行膨胀操作,粘连间断线条形成连续的区间
```

```
I5 = bwareaopen(I4,2000); % 去除面积小于 2000 像素块, 将无关的干扰区域去除,只留下车牌部分

% 车牌定位:定位图像中车牌的位置%
[y,x,z]= size(I5);
myI= double(I5);
Blue_y= zeros(y,1);            % 产生一个 y×1 的零矩阵
for i= 1:y
    for j= 1:x
        if(myI(i,j,1)= = 1)                % 如果 myI 图像坐标为(i,j)点值为 1, 即该点为%
背景颜色(蓝色), 则 blue 值加 1
            Blue_y(i,1)= Blue_y(i,1)+ 1; % 蓝色像素点统计
        end
    end
end
[temp MaxY]= max(Blue_y);

% Y 方向车牌区域确定
% temp 为向量 yellow_y 的元素中的最大值,MaxY 为该值的索引
PY1= MaxY;
while((Blue_y(PY1,1)> = 5)&&(PY1> 1))
    PY1= PY1- 1;
end
PY2= MaxY;
while((Blue_y(PY2,1)> = 5)&&(PY2< y))
    PY2= PY2+ 1;
end
IY= I(PY1:PY2,:,:);

% X 方向车牌区域确定
Blue_x= zeros(1,x);                  % 进一步确认 x 方向的车牌区域
for j= 1:x
    for i= PY1:PY2
        if(myI(i,j,1)= = 1)
            Blue_x(1,j)= Blue_x(1,j)+ 1;
        end
    end
end
PX1= 1;
while((Blue_x(1,PX1)< 3)&&(PX1< x))
    PX1= PX1+ 1;
end
PX2= x;
while((Blue_x(1,PX2)< 3)&&(PX2> PX1))
    PX2= PX2- 1;
end
PX1= PX1- 1;                         % 对车牌区域的矫正
PX2= PX2+ 1;
dw= I(PY1:PY2,PX1:PX2,:);            % 矩阵行列的范围
```

```
figure,imshow(I);                    % 创建图像窗口,显示图像 I
figure,plot(Blue_y);grid             % 创建图像窗口,绘制 Blue_y 图像,画出网格线
figure,plot(Blue_x);grid             % 创建图像窗口,绘制 Blue_x 图像,画出网格线
figure,imshow(dw);                   % 创建图像窗口,显示图像

% 对车牌进行灰度和二值化处理
b= rgb2gray(dw);                     % 将车牌图像转换为灰度图
figure,imshow(b),title('灰度车牌');
g_max= double(max(max(b)));
g_min= double(min(min(b)));
T= round(g_max- (g_max- g_min)/3); % T 为二值化的阈值
d= (double(b)> = T);                 % 二值图像
figure,imshow(d),title('二值化车牌');
h= fspecial('average',3);            %  定义均值滤波算子
d= im2bw(round(filter2(h,d)));       % 均值滤波
se= eye(2);% 单位矩阵
[m,n]= size(d);
if bwarea(d)/m/n> = 0.365  % 计算二值图像中对象的总面积与整个面积的比是 % 否大于 0.365
    d= imerode(d,se);                % 如果大于 0.365 则进行腐蚀
elseif bwarea(d)/m/n< = 0.235 % 计算二值图像中对象的总面积与整个面积的 % 比值是否小于 0.235
    d= imdilate(d,se);               % 如果小于则实现膨胀操作
end

% 车牌分割:对车牌进行切割,将车牌号码分离出来%
% 寻找连续有文字的块,若长度大于某阈值,则认为该块由两个字符组成,需要分割
d= qiege(d);
[m,n]= size(d);
k1= 1;
k2= 1;
s= sum(d);                           % sum(x)求每列的和,得到行向量
j= 1;
while j~ = n
    while s(j)= = 0
        j= j+ 1;
    end
    k1= j;
    while s(j)~ = 0 && j< = n- 1
        j= j+ 1;
    end
    k2= j- 1;
    if k2- k1> = round(n/6.5)
        [val,num]= min(sum(d(:,[k1+ 5:k2- 5])));
        d(:,k1+ num+ 5)= 0;          % 分割
    end
end

% 切割出 7 个字符
d= qiege(d);
```

```
y1= 10;
y2= 0.25;
flag= 0;
word1= [];
while flag= = 0
    [m,n]= size(d);
    left= 1;
    wide= 0;
    while sum(d(:,wide+ 1))~ = 0
        wide= wide+ 1;
    end
    if wide< y1                         % 认为是左干扰
        d(:,[1:wide])= 0;
        d= qiege(d);
    else
        temp= qiege(imcrop(d,[1 1 wide m]));
        [m,n]= size(temp);
        all= sum(sum(temp));
        two_thirds= sum(sum(temp([round(m/3):2* round(m/3)],:)));
        if two_thirds/all> y2
            flag= 1;word1= temp;    % word1
        end
        d(:,[1:wide])= 0;d= qiege(d);
    end
end
[word2,d]= getword(d);              % 分割出第二个字符
[word3,d]= getword(d);              % 分割出第三个字符
[word4,d]= getword(d);              % 分割出第四个字符
[word5,d]= getword(d);              % 分割出第五个字符
[word6,d]= getword(d);              % 分割出第六个字符
[word7,d]= getword(d);              % 分割出第七个字符
word1= imresize(word1,[40 20]);     % 归一化大小为 40×20
word2= imresize(word2,[40 20]);
word3= imresize(word3,[40 20]);
word4= imresize(word4,[40 20]);
word5= imresize(word5,[40 20]);
word6= imresize(word6,[40 20]);
word7= imresize(word7,[40 20]);
figure;
subplot(1,7,1),imshow(word1),title('1');
subplot(1,7,2),imshow(word2),title('2');
subplot(1,7,3),imshow(word3),title('3');
subplot(1,7,4),imshow(word4),title('4');
subplot(1,7,5),imshow(word5),title('5');
subplot(1,7,6),imshow(word6),title('6');
subplot(1,7,7),imshow(word7),title('7');
imwrite(word1,'1.jpg');             % 创建七位车牌字符图像
imwrite(word2,'2.jpg');
```

```
imwrite(word3,'3.jpg');
imwrite(word4,'4.jpg');
imwrite(word5,'5.jpg');
imwrite(word6,'6.jpg');
imwrite(word7,'7.jpg');

% 车牌识别:将切割到的字符与字符库里的字符进行比较%
liccode= char(['0':'9' 'A':'Z' '京辽鲁陕苏豫浙贵']);% 建立识别字符代码表;'京津沪渝港澳吉辽鲁豫冀鄂湘晋青皖苏赣浙闽粤琼台陕甘云川贵黑藏蒙桂新宁'
 % 编号:0- 9 分别为 1- 10;A- Z 分别为 11- 36;
 % 京 津 沪 渝 港 澳 吉 辽 鲁 豫 冀 鄂 湘 晋 青 皖 苏
 % 赣 浙 闽 粤 琼 台 陕 甘 云 川 贵 黑 藏 蒙 桂 新 宁
 % 37 38 39 40 41 42 43 44 45 46 47 48 49 50 51 52 53 54 55 56 57 58 59
 % 60 61 62 63 64 65 66 67 68 69 70
SubBw2= zeros(40,20);
num= 1;                           % 车牌位数
for I= 1:7
    ii= int2str(I);
    word= imread([ii,'.jpg']);    % 读入之前分割出来的字符图片
    SegBw2= imresize(word,[40 20],'nearest');
    SegBw2= im2bw(SegBw2);        % 二值化
    if I= = 1                     % 字符第一位为汉字,定位汉字所在字段
        kmin= 37;
        kmax= 44;
    elseif I= = 2                 % 第二位为英文字母,定位字母所在字段
        kmin= 11;
        kmax= 36;
    else I> = 3                   % 第三位开始是数字,定位数字所在字段
        kmin= 1;
        kmax= 36;
    end
    t= 1;
    for k= kmin:kmax
       fname= strcat('字符模板\',liccode(k),'.jpg');      % 根据字符库寻找图片模板
        SamBw2= imread(fname);    % 读入模板库中的图片
        SamBw2= im2bw(SamBw2);
        for i1= 1:40              % 待识别图片与模板图片求差
            for j1= 1:20
                SubBw2(i1,j1)= SegBw2(i1,j1)- SamBw2(i1,j1);
            end
        end
        Dmax= 0;                  % 统计两幅图片不同点的个数,并保存
        for i2= 1:40;
            for j2= 1:20
                if SubBw2(i2,j2)~ = 0
                    Dmax= Dmax+ 1;
                end
            end
```

```
                end
                error(t)= Dmax;
                t= t+ 1;
            end
            minerror= min(error);
            findc= find(error= = minerror);        % 寻找图片差别最少的图像
            Code(num* 2- 1)= liccode(findc(1)+ kmin- 1);
            Code(num* 2)= ' ';
            num= num+ 1;
        end
        figure;imshow(dw),title(['车牌号码:',Code]);
        % 自定义函数
        function e= qiege(d)                        % 切割函数
        [m,n]= size(d);
        top= 1;
        bottom= m;
        left= 1;
        right= n;
        while sum(d(top,:))= = 0 && top< = m
            top= top+ 1;
        end
        while sum(d(bottom,:))= = 0 && bottom> 1
            bottom= bottom- 1;
        end
        while sum(d(:,left))= = 0 && left< n
            left= left+ 1;
        end
        while sum(d(:,right))= = 0 && right> = 1
            right= right- 1;
        end
        dd= right- left;
        hh= bottom- top;
        e= imcrop(d,[left top dd hh]);
    end
    function  [word,result]= getword(d)            % 获得字符函数
    word= [];
    flag= 0;
    y1= 8;
    y2= 0.5;
    while flag= = 0
        [m,n]= size(d);
        wide= 0;
        while sum(d(:,wide+ 1))~ = 0 && wide< = n- 2
            wide= wide+ 1;
        end
        temp= qiege(imcrop(d,[1 1 wide m]));        % 返回裁剪区域
        [m1,n1]= size(temp);
        if wide< y1 && n1/m1> y2
```

```
        d(:,[1:wide])= 0;
        if sum(sum(d))~ = 0
            d= qiege(d);                        % 切割出最小范围
          else word= [];flag= 1;
          end
        else
          word= qiege(imcrop(d,[1 1 wide m]));
          d(:,[1:wide])= 0;
          if sum(sum(d))~ = 0;
              d= qiege(d);
              flag= 1;
          else d= [];
          end
        end
    end
    result= d;
end
```

实训 6　图像去雾处理

一、实训目的

了解图像暗通道去雾算法的基本原理，掌握相关去雾处理的基本方法，能够利用 Matlab 的工具箱函数，编程实现图像去雾处理效果。

二、实训内容

由于大气的散射作用，雾天的大气退化图像具有对比度低、景物不清晰等特点，给交通系统及户外视觉系统的应用带来严重影响。本案例基于暗通道去雾算法原理，通过设置一些参数值，对一幅被雾化的清晰度较低的图片进行去雾处理，以提高图片的清晰度。

暗通道去雾算法概述：

假设每一幅图像的每一个像素的 RGB 三个颜色通道中，总有一个颜色通道的灰度值很低，暗通道是在三个颜色通道中取最小值组成灰度图后，再进行最小值滤波得到的。

图像雾化的数学模型为

$$I(x)=J(x)t(x)+A(1-t(x)) \tag{2-6-1}$$

式中：$I(x)$ 为被雾化图像，$J(x)$ 为原始无雾图像，A 为地球大气光值，$t(x)$ 为大气的透射率，去雾处理即已知 $I(x)$ ，求解 $J(x)$ 。通常参数 A 取经验值，所以问题转换成求解透射率 $t(x)$ 的估计值。

由式(2-6-1)可得，$\frac{I^c(x)}{A^c}=t(x)\frac{J^c(x)}{A^c}+1-t(x)$ ，其中 C 表示 RGB 颜色三通道的某一颜色通道，对上式进行最小值运算得：

$$\min_{y\in\Omega(x)}\left(\min_{c}\frac{I^c(y)}{A^c}\right)=\hat{t}(x)\min_{y\in\Omega(x)}\left(\min_{c}\frac{J^c(y)}{A^c}\right)+1-\hat{t}(x)$$

设图像 $J(x)$ 的暗通道为：$J^{\mathrm{dark}}(x) = \min(\min J^{c}(y))$ 。

上式表示在一幅输入图像中，取图像中每一个像素的三通道中的灰度值的最小值，对这样得到的灰度图像，以每一个像素为中心取一定大小的矩形窗口，取矩形窗口中灰度值的最小值代替中心像素的灰度值(即最小值滤波)，从而得到该雾化图像的暗通道图像。由于暗通道图像的灰度值很低，所以可将整幅暗通道图像中所有像素的灰度值近似为 0，即令 $J^{\mathrm{dark}}(x) = 0$ ，则可得到 $t(x)$ 的估计值 $\hat{t}(x) = 1 - \min\left(\min \frac{I^{c}(y)}{A^{c}}\right)$。

在场景图像中保留一部分雾可以让人们感觉到景深的存在，所以通常为了防止去雾过度，引入参数 $w \in [0\quad 1]$ ，一般情况下取值为 0.95，修正上式为：

$$t(\hat{x}) = 1 - w\min(\min \frac{I^{c}(y)}{A^{c}})$$

三、实现步骤

① 读入图像：读取一幅被雾化的低清晰度图片。

② 设置去雾参数：分别设置最小值滤波半径、导向滤波半径、去雾程度和大气光值等参数。

各参数的影响：

- 最小值滤波半径。此半径影响去雾程度，半径越大去雾的效果越不明显，合适值为 5～10。
- 导向滤波半径。此半径影响图像细节保留程度，合适值为最小值滤波半径的 10～16 倍。
- 去雾程度。这个参数设置保留雾的程度，直接影响去雾程度和图像景深，合适值为 0.94～0.97。
- 大气光值。这个参数影响图像亮度，合适值为 190～210。

③ 实现去雾处理效果：当各参数设置完毕后进行去雾处理，若对去雾的效果不满意，可以返回重新进行参数调整。

④ 输出去雾处理后的图片：显示处理的图片并保存到指定位置。

四、实现程序

```
clc;clear all; close all;
globalminR daoR percentg ato
minR= 5; daoR= 50; ato= 210; percentg= 0.95;
blocksize =  2* minR +  1;                  % 每个 block 的大小
w0=  percentg;
t0= 0.1;
I= imread('fig_1.jpg');
subplot(1,2,1);
imshow(I);
title('原始图像');
grayI= rgb2gray(I);

% 统计< 50 的像素所占的比例
[COUNT, x]= imhist(grayI);
[h,w,s]= size(I);
```

```
 min_I= zeros(h,w);
 for i= 1:h
     for j= 1:w
         dark_I(i,j)= min(I(i,j,:));          % 取最低分量值
     end
end

% 进行窗口大小为 blocksize 的最小值滤波
dark_channel =  double(ordfilt2(dark_I,1,ones(blocksize,blocksize)));
Max_dark_channel= double(max(max(dark_I)))
A = ato;
t= 1- w0* (dark_channel/Max_dark_channel); % 计算透射率
t= max(t,t0);
I_guide_norm =  double(rgb2gray(I))/255;    % 以灰度图作为导向图,并归一化
t_norm =  t/255;
eps =  0.0005;                              % 正规化参数
r = daoR;
t =  guidedfilter(I_guide_norm,t,r,eps);
I1= double(I);
J(:,:,1) =  uint8((I1(:,:,1) -  (1- t)* A)./t);
J(:,:,2) =  uint8((I1(:,:,2) -  (1- t)* A)./t);
J(:,:,3) = uint8((I1(:,:,3) -  (1- t)* A)./t);
subplot(1,2,2);
imshow(1.5* J);
title('去雾后的图像');

function q =  guidedfilter(I, p, r, eps)      % 导向滤波函数
     [hei, wid] =  size(I);
     N =  boxfilter(ones(hei, wid), r);       % 每个局部块的大小,N= (2r+ 1)^2
    mean_I =  boxfilter(I, r) ./ N;
    mean_p =  boxfilter(p, r) ./ N;
    mean_Ip =  boxfilter(I.* p, r) ./ N;
    cov_Ip =  mean_Ip -  mean_I .*  mean_p;    % 每个局部块矩阵 I, p 的协方差
    mean_II =  boxfilter(I.* I, r) ./ N;
    var_I =  mean_II -  mean_I .*  mean_I;
    a =  cov_Ip ./ (var_I +  eps);
    b =  mean_p -  a .*  mean_I;
    mean_a =  boxfilter(a, r) ./ N;
    mean_b =  boxfilter(b, r) ./ N;
    q =  mean_a .*  I +  mean_b;
end

function imDst =  boxfilter(imSrc, r)
  % 定义 imDst(x, y)= sum(sum(imSrc(x- r:x+ r,y- r:y+ r)));
  % 相当于函数: colfilt(imSrc, [2* r+ 1, 2* r+ 1], 'sliding', @ sum);
  [hei, wid] =  size(imSrc);
  imDst =  zeros(size(imSrc));
  imCum =  cumsum(imSrc, 1);                  %  Y 方向累积和
```

```
    imDst(1:r+ 1, :) = imCum(1+ r:2* r+ 1, :);
    imDst(r+ 2:hei- r, :) = imCum(2* r+ 2:hei, :) - imCum(1:hei- 2* r- 1, :);
    imDst(hei- r+ 1:hei,:)= repmat(imCum(hei,:),[r,1])- imCum(hei- 2* r:hei- r- 1,:);

    imCum = cumsum(imDst, 2);                  % X方向累积和
    imDst(:, 1:r+ 1) = imCum(:, 1+ r:2* r+ 1);
    imDst(:, r+ 2:wid- r) = imCum(:, 2* r+ 2:wid) - imCum(:, 1:wid- 2* r- 1);
    imDst(:,wid- r+ 1:wid)= repmat(imCum(:,wid),[1,r]) - imCum(:, wid- 2* r:wid- r- 1);
end
```

测试结果如图 2-6-1 所示。

(a) 原始图像

(b) 去雾的图像

图 2-6-1　图像去雾

实训 7　照片特效处理

一、实训目的

综合运用 Matlab 工具箱实现图形用户界面(GUI)的程序设计，掌握 GUIDE 工具的基本使用方法，利用 Matlab 图像处理工具箱，设计和实现照片特效处理的 GUI 系统。

二、实训内容

参考 Photoshop 的照片处理特效，利用 Matlab 函数库提供的相关函数依次实现马赛克效果、素描照片、灰度照片、复古照片、浮雕效果、黑白照片、曝光效果、伽马变换、水彩照片等一系列效果。

三、实现步骤

① 读入图像：定义“打开照片”按钮的回调函数 pushbutton_open_Callback()。打开项目目录下的任意一幅图像，可选的格式有 jpg、png、gif、bmp 等，选择图像后显示到 GUI 的 axes 上。

② 设置全局变量：设置和获取全局变量的原图像值、特效修改后的值和特效名等。

③ 实现马赛克效果：定义实现“马赛克”效果按钮的回调函数 functionpushbutton_msk_Callback()。把输入的图片分割成若干个 val×val 像素的小区块(val 值越大，马赛克效果越明显)，利用 Matlab 工具箱中的缩放函数 imresize()，首先将图片缩小到原图片大小的 1/5，然后再将图片放大五倍还原到原来的大小，从而产生马赛克效果。

④ 实现复古效果：定义实现“复古照片”效果按钮的回调函数 functionpushbutton_fugu_Callback()。将图片的 R、G、B 三种颜色通道进行修改变换，然后重新组合成一幅新的图像，经过修改后的 R、G、B 颜色值与原图产生偏差，从而产生复古效果。

⑤ 实现底片效果：定义实现“底片”效果按钮的回调函数 functionpushbutton_dipian_Callback()。将图像的像素值用 255 做减法运算，可以得到一副反相图片，从而产生底片效果。

⑥ 实现素描效果：定义实现“素描”效果按钮的回调函数 function pushbutton_sumiao_Callback()。首先使用 canny 边缘检测法进行边缘提取，然后采用高斯模糊方法对图像进行平滑处理，从而产生素描效果。

⑦ 实现浮雕效果：定义实现“浮雕”效果按钮的回调函数 function pushbutton_fudiao_Callback()。在原图像加入高斯噪声，并设置一个均值滤波器，对图像进行边缘检测，得到图像的边缘轮廓，最后将其转为灰度图像，使得边缘轮廓突起，从而产生浮雕效果。

⑧ 实现黑白照片效果：定义实现“黑白照”效果按钮的回调函数 function pushbutton_heibai_Callback()。利用 graythresh()函数获取图片的一个合适的阈值，根据这个阈值将图像转换为二值图像，从而实现黑白照效果。

⑨ 实现曝光效果：定义实现“曝光”效果按钮的回调函数 function pushbutton_baoguang_Callback()。获取图片的 R、G、B 三种颜色通道的值，利用 T(x)＝I(x)＋(1－I(x)) * I(x)公式进行非线性叠加，提高图像亮度，从而产生曝光效果。

⑩ 实现伽马变换效果：定义实现“伽马变换”效果按钮的回调函数 function pushbutton_jiama_Callback()。伽马变换是对图像处理的一种特定方法，将原图像转换为 double 类型，这个转换要把字符串类型转换为数值类型，并利用 imadjust()函数将原图像与转换后的图像进行灰度值的调整。

⑪ 实现水彩画效果：定义实现“水彩画”效果按钮的回调函数 function pushbutton_shuicai_Callback()。首先获取原图像的 R、G、B 三种颜色通道值并进行乘方运算、反余弦运算等，然后将图像的 RGB 空间转换为 HSI 空间，并对图像的亮度、对比度进行处理，从而产生水彩画的效果。

⑫ 转换成灰度图像：定义实现“灰度转换”按钮的回调函数 function pushbutton_huidu_Callback()。将原彩色图像转换成灰度图像。

⑬ 保存特效图片：定义实现“保存照片”按钮的回调函数 function pushbutton_save_Callback()。将已经进行特效处理的照片保存到本地工程目录下，使用了 switch 进行分类存储图片及图片名称。

四、实现程序

```
% 读入图像%
[fn,pn,fi]= uigetfile({'* .jpg';'* .png';'* .gif';'* .bmp';'* .TIFF'},'FileSelector');
img= imread([pnfn]);
setImg(img);
axes(handles.axes1);              % 设置坐标位置
imshow(img);                      % 显示图像
setSaveImg(img);                  % 保存图像
setName(0);                       % 设置名称

% 设置全局变量%
function  setImg(var)             % 设置全局变量的原图像值
```

```
globalxa
xa= var;
function re= getImg           % 获取全局变量的原图像值
globalxa
re= xa;
function  setSaveImg(var)     % 设置全局变量特效修改后的值
globalaa
aa= var;
function  bk= getSaveImg      % 获取全局变量特效修改后的值
globalaa
bk= aa;
function  setName(var)        % 设置全局变量的特效名
globalca
ca= var;
function  kk= getName         % 获取全局变量的特效名
globalca
kk= ca;
                              % 实现马赛克效果%
f =  getImg;
fr =  f(:,:,1);               % 提取原图像三个通道值
fg =  f(:,:,2);
fb =  f(:,:,3);
[h w] =  size(fr);
imgnr =  zeros(h,w);          % 设置三个零矩阵用于存储新图像
imgng =  zeros(h,w);
imgnb =  zeros(h,w);
n =  20;                      % 设置马赛克区域 n×n 像素块大小
nh =  floor(h/n)* n;          % 图像大小化为整数倍
nw =  floor(w/n)* n;
for j =  1:n:nh               % 处理 R 通道
    for  i =  1:n:nw          % 对列进行取均值处理
        imgnr(j:j+ n- 1, i:i+ n- 1) = mean(mean(fr(j:j+ n- 1, i:i+ n- 1)));
    end
    imgnr(j:j+ n- 1,nw:w ) =  mean(mean(fr(j:j+ n- 1,nw:w )));    % 处理最后的列
end
for  i =  1:n:nw
    imgnr(nh:h, i:i+ n- 1) =  mean(mean(fr(nh:h, i:i+ n- 1)));    % 处理最后的行
end
imgnr(nh:h, nw:w) =  mean(mean(fr(nh:h, nw:w)));                 % 处理最后的角
for j =  1:n:nh               % 处理 G 通道
    for i =  1:n:nw
        imgng(j:j+ n- 1, i:i+ n- 1) = mean(mean(fg(j:j+ n- 1, i:i+ n- 1)));
    end
    imgng(j:j+ n- 1, nw:w) =  mean(mean(fg(j:j+ n- 1, nw:w)));
end
for i =  1:n:nw
    imgng(nh:h, i:i+ n- 1) =  mean(mean(fg(nh:h, i:i+ n- 1)));
end
```

```
imgng(nh:h, nw:w) = mean(mean(fg(nh:h, nw:w)));
for j = 1:n:nh                          % 处理 B 通道
    for i = 1:n:nw
        imgnb(j:j+ n- 1, i:i+ n- 1) = mean(mean(fb(j:j+ n- 1, i:i+ n- 1)));
    end
    imgnb(j:j+ n- 1, nw:w) = mean(mean(fb(j:j+ n- 1, nw:w)));
end
for i = 1:n:nw
    imgnb(nh:h,i:i+ n- 1) = mean(mean(fb(nh:h, i:i+ n- 1)));
end
imgnb(nh:h, nw:w) = mean(mean(fb(nh:h, nw:w)));
imgnr = im2double(imgnr)/255;           % 三通道图像合成
imgng = im2double(imgng)/255;
imgnb = im2double(imgnb)/255;
imgn = cat(3,imgnr, imgng, imgnb);
axes(handles.axes2);
setSaveImg(imgn);                       % 保存特效图片
setName(1);                             % 设置特效名称类型
imshow(imgn);                           % 显示特效图片

% 实现复古效果%
Image = getImg;
Image= double(Image);
Image_new= Image;
% 将图片的红、绿、蓝三分量重新设置
Image_new(:,:,1)= 0.393* Image(:,:,1)+ 0.769* Image(:,:,2)+ 0.189* Image(:,:,3);
Image_new(:,:,2)= 0.349* Image(:,:,1)+ 0.686* Image(:,:,2)+ 0.168* Image(:,:,3);
Image_new(:,:,3)= 0.272* Image(:,:,1)+ 0.534* Image(:,:,2)+ 0.131* Image(:,:,3);
axes(handles.axes2);% 显示到固定位置
setSaveImg(Image_new/255);              % 图像矩阵归一化并保存特效图片
setName(2);                             % 设置特效名称类型
imshow(Image_new/255);                  % 显示特效图片

% 实现底片效果%
img = getImg;
img_out = 255 - img;                    % 用 255 减去当前图像的像素值
axes(handles.axes2);
setSaveImg(img_out);                    % 保存特效图片
setName(3);                             % 设置特效名称类型
imshow(img_out);                        % 显示特效图片

% 实现素描效果%
I= getImg;
info_size= size(I);
height= info_size(1);
width= info_size(2);
N= zeros(height,width);                 % 保存取反之后的矩阵
G= zeros(height,width);                 % 保存滤波之后的矩阵
```

```
rc =  I(:,:,1);
gc =  I(:,:,2);
bc =  I(:,:,3);
channel =  gc;                          % 选择一个通道进行处理
out= zeros(height,width);
spec= zeros(height,width,3);
for  i= 1:height                        % 颜色取反
    for j= 1:width
        N(i,j)= uint8(255- channel(i,j));
    end
end
gausize =  9;
gausigma =  10;
GH =  fspecial('gaussian', gausize, gausigma);    % 添加高斯噪声
G =  imfilter(N, GH);
for  i= 1:height
     for j= 1:width
         b= double(G(i,j));
         a= double(channel(i,j));
         temp= a+ a* b/(256- b);
         out(i,j)= uint8(min(temp,255));
     end
end
axes(handles.axes2);
setSaveImg(out/255);                    % 保存特效图片
setName(4);                             % 设置特效名称类型
imshow(out/255);                        % 显示特效图片

% 实现浮雕效果%
handles.pic= getImg;
f0= rgb2gray(handles.pic);
f1= imnoise (f0,'speckle',0.01);        % 加入密度为 0.01 的高斯乘性噪声
f1= im2double(f1);
h3= 1/9.* [1 1 1; 1 1 1; 1 1 1 ];       % 设置均值滤波器
f4= conv2(f1,h3,'same');                % 滤波处理
h2= fspecial('sobel');
g3= filter2(h2,f1,'same');              % 边缘检测
K= mat2gray(g3);                        % 转换成灰度图像
axes(handles.axes2);                    % 显示图像
setSaveImg(K);                          % 保存特效图片
setName(5);                             % 设置特效名称类型
imshow(K);                              % 显示特效图片

% 实现黑白照片效果%
I =  getImg;
thresh =  graythresh(I);                % 自动计算阈值
O =  im2bw(I,thresh);                   % 转换成二值图像
axes(handles.axes2);
```

```
setSaveImg(O);                          % 保存特效图片
setName(10);                            % 设置特效名称类型
imshow(O);                              % 显示特效图片

% 实现曝光效果%
O =  getImg;
[M,N,G]= size(O);                       % 获取图片的长、宽和层数
result= zeros(M,N,3);
for g= 1:3                              % 获得每一层每一个点的 RGB 值,并判断其值等于多少
    A= zeros(1,256);
    average= 0;                         % 每处理完一层,参数要重新初始化为 0
    for k= 1:256
       count= 0;
       for i= 1:M
           for j= 1:N
                value= O(i,j,g);
                if value= = k
                    count= count+ 1;
                end
           end
      end
      line([k,k],[0,count]);
      count= count/(M* N* 1.0);
      average= average+ count;
      A(k)= average;
      line([k,k],[0,average]);
    end
    A= uint8(255.* A+ 55);
    for  i= 1:M
       for j= 1:N
           O(i,j,g)= A(O(i,j,g)+ 0.5);
         end
    end
end
axes(handles.axes2);
setSaveImg(O);                          % 保存特效图片
setName(7);                             % 设置特效名称类型
imshow(O);                              % 显示特效图片

% 实现伽马变换效果%
I =  getImg;
x =  str2double('0.3');                 % 把字符串转换为数值
I= imadjust(I,[  ],[  ],x);             % 图像灰度值调整
axes(handles.axes2);
setSaveImg(I);                          % 保存特效图片
setName(8);                             % 设置特效名称类型
imshow(I);                              % 显示特效图片
```

```
% 实现水彩画效果
I = getImg;
rgb = I;
rgb= im2double(rgb);
r= rgb(:,:,1);                              % 红色分量
g= rgb(:,:,2);                              % 绿色分量
b= rgb(:,:,3);                              % 蓝色分量
num= 0.5* ((r- g)+ (r- b));                 % 彩色空间转换
den= sqrt((r- g).^2+ (r- b).* (g- b));      % r,g,b 做乘方运算
theta= acos(num./(den+ eps));
H= theta;
H(b> g)= 2* pi- H(b> g);
H= H/(2* pi);
num= min(min(r,g),b);
den= r+ g+ b;
den(den= = 0)= eps;
S= 1- 3.* num./den;
H(S= = 0)= 0;
I= (r+ g+ b)/3;
hsi= cat(3,H,S,I);
axes(handles.axes2);
setSaveImg(hsi);                            % 保存特效图片
setName(9);                                 % 设置特效名称类型
imshow(hsi);                                % 显示特效图片

% 转换成灰度图像%
I = getImg;
I = im2double(I);
O = rgb2gray(I);                            % 转换为灰度图像
axes(handles.axes2);
setSaveImg(O);                              % 保存特效图片
setName(6);                                 % 设置特效名称类型
imshow(O);                                  % 显示特效图片

% 保存特效图片%
new_img = getSaveImg;                       % 获取处理过的特效图片
T = getName;                                % 获取特效图片名称
switch T                                    % 分类保存
    case 0
        stt = '原图.jpg';
    case 1
        stt = '马赛克效果.jpg';
    case 2
        stt = '复古照片效果.jpg';
    case 3
        stt = '底片效果.jpg';
    case 4
        stt = '素描效果.jpg';
```

```
    case 5
        stt = '浮雕效果.jpg';
    case 6
        stt = '黑白照效果.jpg';
    case 7
        stt = '曝光效果.jpg';
    case 8
        stt = '伽马美化.jpg';
    case 9
        stt = '水彩画效果.jpg';
    case 10
        stt = '灰度转换.jpg';
    otherwise
        stt = '默认.jpg';
end
imwrite(new_img, stt);                     % 保存图片

% 退出与撤销%
close;                                     % 关闭 GUI
img = getImg;                              % 撤销效果,显示原图像
axes(handles.axes2);
imshow(img);
```

测试结果如图 2-7-1 和图 2-7-2 所示。

底片特效的效果如图 2-7-1 所示。

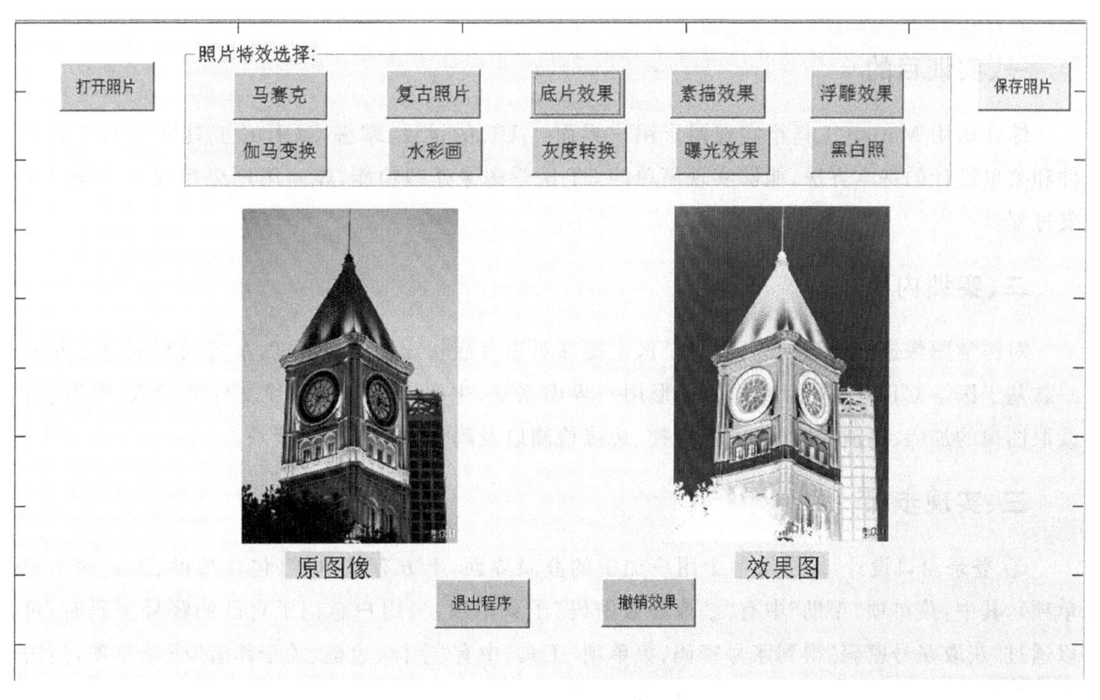

图 2-7-1　底片特效

水彩画特效的效果如图 2-7-2 所示。

图 2-7-2　水彩画特效

实训 8　基于 Matlab 的医学图像处理系统

一、实训目的

综合运用 Matlab 工具箱实现图形用户界面(GUI)的设计,掌握 GUIDE 工具常用的界面控件和菜单设计的基本方法,能够实现简单的 CT 医学图像处理功能,体验用户交互软件系统的开发过程。

二、实训内容

对医学图像进行增强处理,有助于医生提高对患者症状诊断的准确度。本实训案例设计开发一款基于医学 CT 图像处理操作的图形用户界面系统,主要内容包括图像文件的导入、保存、对读取图像的加噪、滤波、图像直方图变换、边缘检测以及阈值分割等功能模块。

三、实现步骤

① 登录窗口设计:提供给各个用户加密的登录界面,上方有菜单栏(包含帮助、工具两个菜单项),其中,菜单项"帮助"中有"获取账号密码"子菜单项,当用户忘记了自己的账号密码时,可以通过"获取账号密码"得到账号密码;菜单项"工具"中有"字体、边框、关于作者"子菜单项,当需要将边框变大(变小)时可以通过子菜单项"边框"选择变大(变小)得到所需要的视图窗口。

② 操作界面设计:提供不同功能模块的图像处理方式,用户可以根据想要得到图像的效果进行选择,包含直方图变换模块、平滑滤波模块、阈值分割模块、边缘检测模块等。

③ 直方图变换模块设计：可以对导入的图像实现图像均衡化、图像规定化、直方图均衡化、直方图规定化等操作，同时用户可以根据需求调整均衡化后或规定化后图像的明暗程度以及图像旋转角度。

④ 平滑滤波模块设计：可以对导入的图像实现添加椒盐噪声、高斯噪声后对得到的噪声图像进行维纳滤波处理、中值滤波处理等操作，同时用户可以根据需求调整图像的噪声粒子的程度（椒盐噪声、高斯噪声）以及图像明暗程度。

⑤ 阈值分割模块设计：可以对导入的图像实现 Otsu 阈值全局处理、迭代阈值处理、局部阈值分割处理、最大类间方差法处理等操作，同时用户可以根据需求调整迭代阈值以及局部阈值。

⑥ 边缘检测模块设计：可以对导入的图像实现 Sobel 算子、Prewitt 算子、Canny 算子、Roberts 算子、边界抽取等边缘检测操作。

四、设计过程

1. 登录界面设计

①打开 Matlab 软件，输入 guide 新建 GUI 界面，如图 2-8-1 所示。

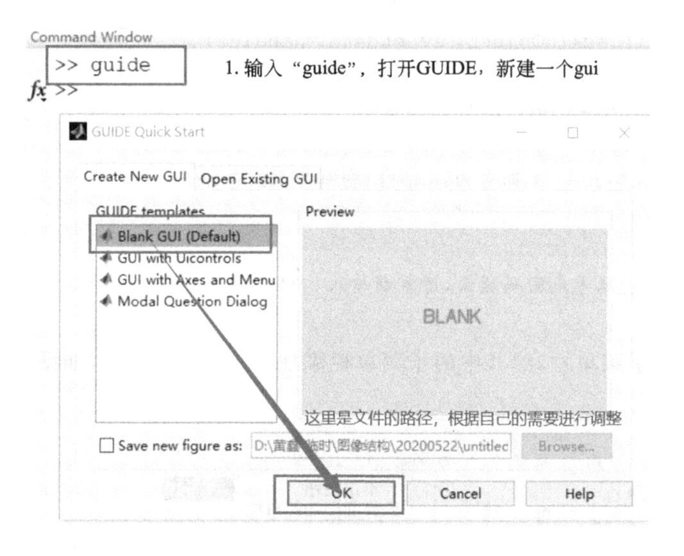

图 2-8-1　新建 GUI 界面

②使用“Push Button”“Static Text”“Edit Text”进行 GUI 的布局，如图 2-8-2 所示。

③在 OpeningFcn()函数中读入一张图片，设置为背景，程序代码如下：

```
function gui01_OpeningFcn(hObject, eventdata, handles, varargin)
    handles.output = hObject;
    ha= axes('units','normalized','pos',[0 0 1 1]);
    uistack(ha,'bottom');
    ii= imread('beijing2.jpg');        % 读入背景图片
    image(ii);
    colormap gray
    set(ha,'handlevisibility','off','visible','off');
```

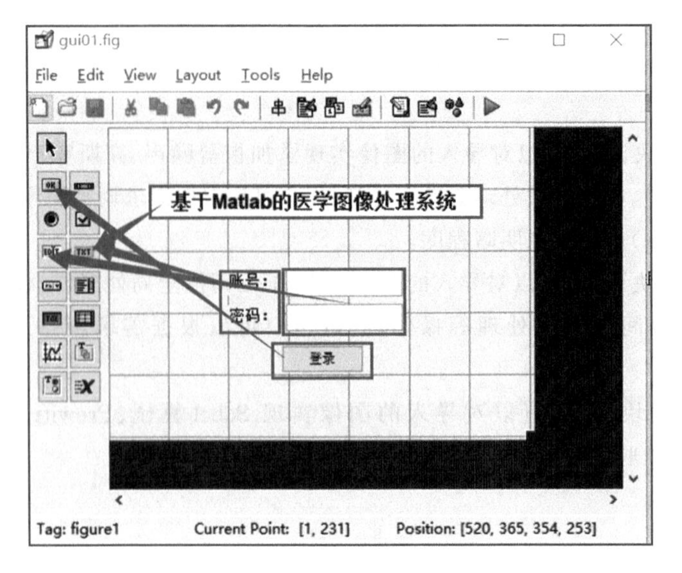

图 2-8-2　界面布局

④在登录按钮的 Callback()函数中设置账号和密码，程序代码如下：

```
function DL_Callback(hObject, eventdata, handles)
  zhanghao = get(handles.edit1,'String');
  mima = get(handles.edit2,'String');
  if strcmp(zhanghao,'admin') && strcmp(mima,'123@ abc')
      delete(gcf);    % 账号为:admin;密码为:123@ abc
      gui02;
  else
      errordlg('账号或密码错误,请重新输入! ');
  end
```

⑤添加菜单栏、子菜单栏，给其中的子菜单栏添加 Callback()函数，如图 2-8-3 所示。

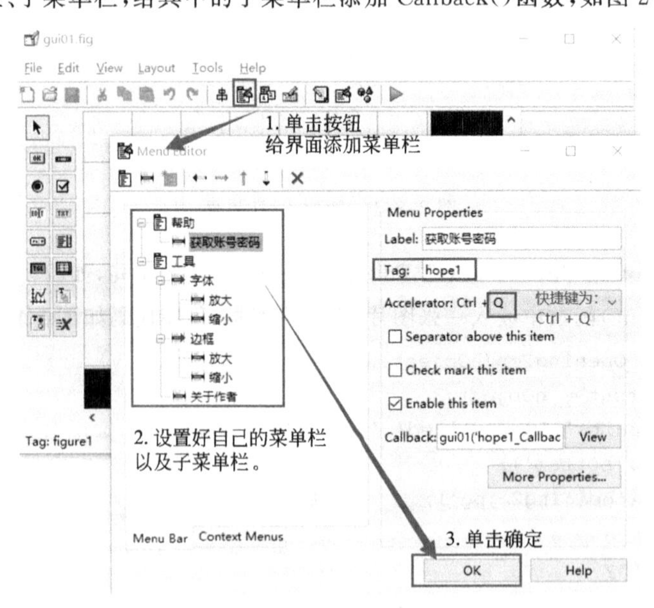

图 2-8-3　添加菜单栏

2. 操作界面设计

①新建 GUIDE 命名为 gui02，添加“Push Button”，并且为每个 Button 的 Tag 属性赋予不同的值，如图 2-8-4 所示。

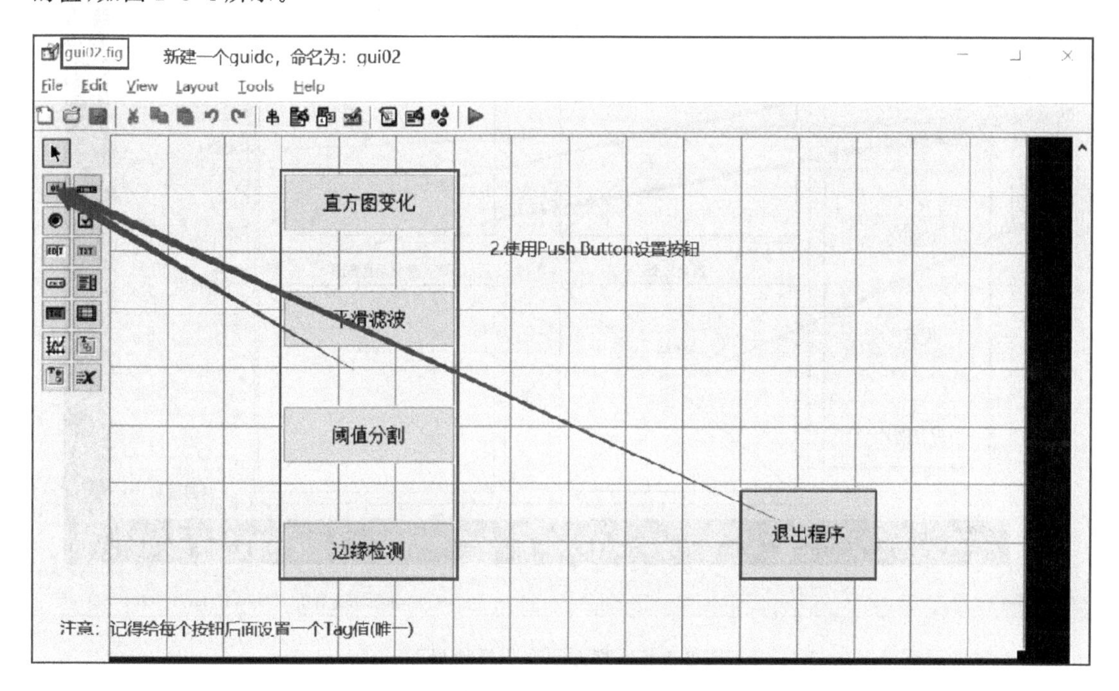

图 2-8-4　界面布局

②为每个“Push Button”添加不同的响应事件。程序代码如下：

```
function zftbh_Callback(hObject, eventdata, handles)
    delete(gcf);            % 关闭当前页面
    zhifang;                % 打开对应的 GUI 界面
function phlb_Callback(hObject, eventdata, handles)
    delete(gcf);            % 关闭当前页面
    pinghua;                % 打开对应的 GUI 界面
```

3. 直方图变化模块设计

① 使用“Push Button”“Static Text”“Edit Text”进行 GUI 的布局，如图 2-8-5 所示。

②直方图均衡化和直方图规定化。程序代码如下：

```
function jh_Callback(hObject, eventdata, handles)       % 均衡化
    jindutiao(100);
    s = getimage(handles.axes1);
    s = rgb2gray(s);
    b = histeq(s);
    axes(handles.axes2);
    disp(imshow(b));
    axes(handles.axes3);
    imhist(s);
    axes(handles.axes4);
    imhist(b);
```

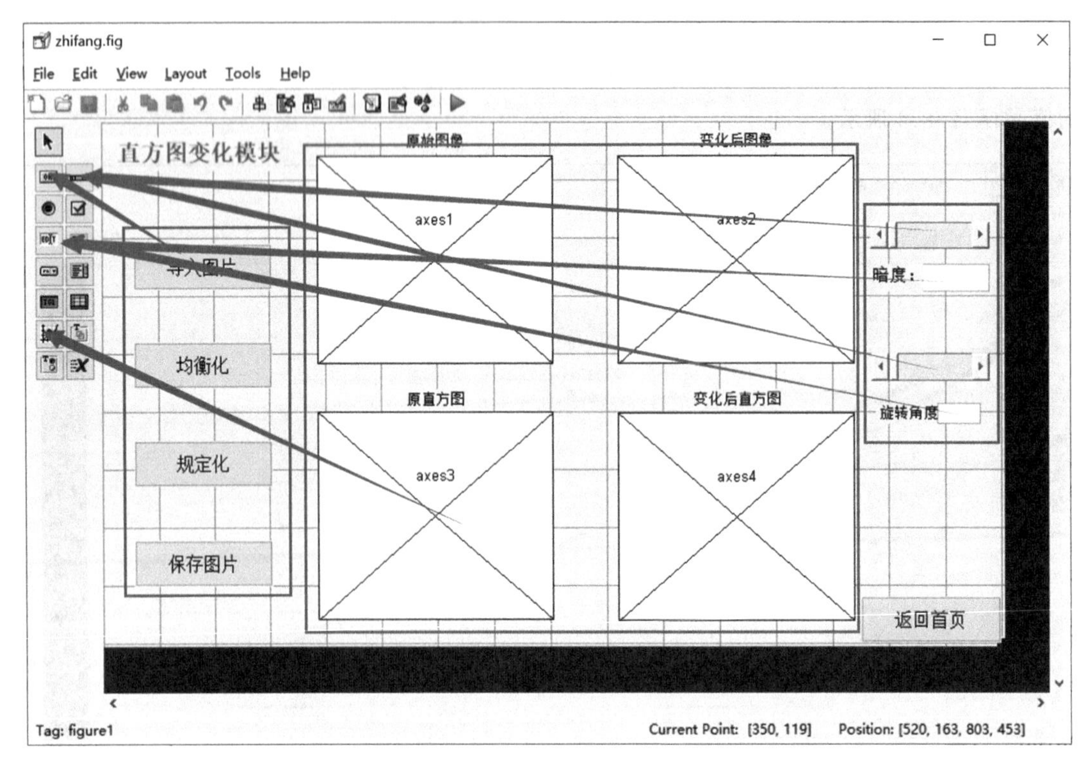

图 2-8-5 直方图变化模块界面

```
function gd_Callback(hObject, eventdata, handles)  % 规定化
    jindutiao(100);
    s = getimage(handles.axes1);
    s_gray = rgb2gray(s);
    V = imread('手骨.jpg');
    V_gray = rgb2gray(V);
    V_imhist = imhist(V_gray);
    b = histeq(s_gray,V_imhist);
    axes(handles.axes2);
    disp(imshow(b));
    axes(handles.axes3);
    imhist(s_gray);
    axes(handles.axes4);
    imhist(b);
```

4. 平滑滤波模块设计

① 使用“Push Button”“Static Text”“Edit Text”进行 GUI 的布局，如图 2-8-6 所示。

② 对读入的图像添加椒盐噪声和高斯噪声，并分别进行维纳滤波和中值滤波处理，程序代码如下：

```
function jiaoyan_Callback(hObject, eventdata, handles)
    I = getimage(handles.axes1);
    img = rgb2gray(I);
```

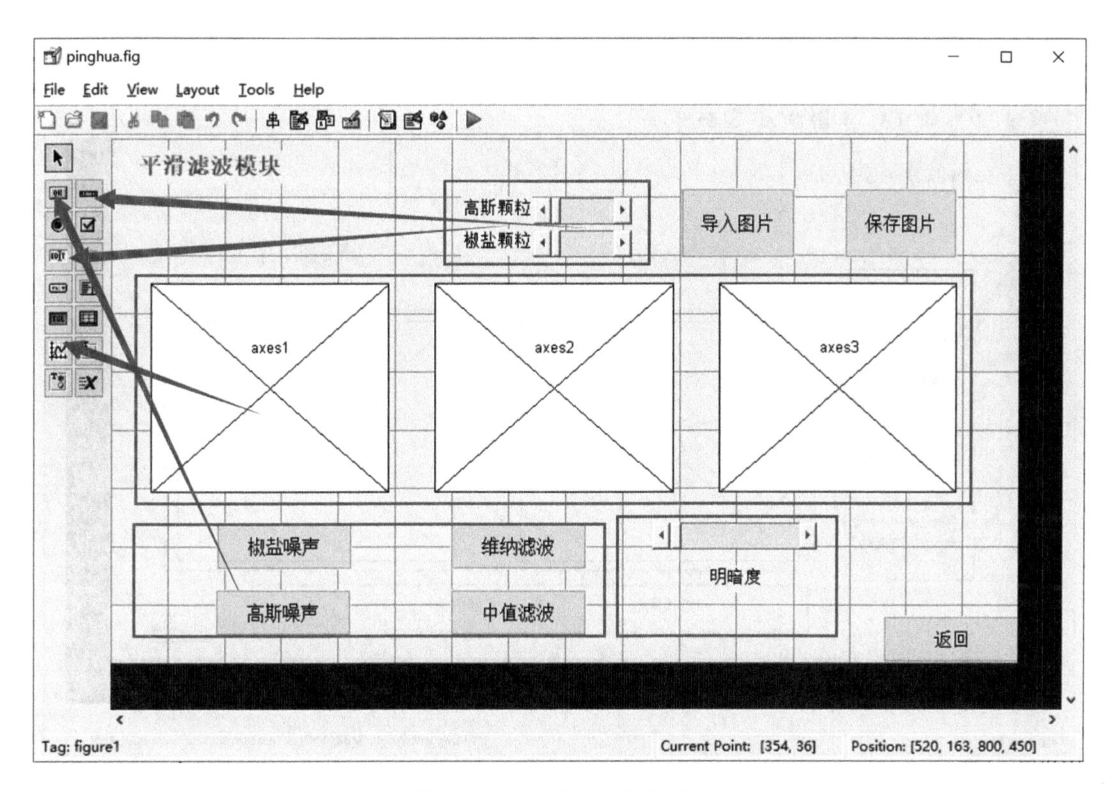

图 2-8-6　平滑滤波模块界面

```
    jy = imnoise(img,'salt & pepper',0.03);          % 椒盐噪声
    axes(handles.axes2);
    disp(imshow(jy));

function gaosi_Callback(hObject, eventdata, handles)
    I = getimage(handles.axes1);
    img = rgb2gray(I);
    gs = imnoise(img,'gaussian',0.01);               % 高斯噪声
    axes(handles.axes2);
    disp(imshow(gs));
function weina_Callback(hObject, eventdata, handles)
    jindutiao(100);
    I= getimage(handles.axes2);
    wn= wiener2(I,[7 7]);                            % 维纳滤波
    axes(handles.axes3);
    disp(imshow(wn));
function zhongzhi_Callback(hObject, eventdata, handles)
    jindutiao(100);
    zzlb = getimage(handles.axes2);
    zz = medfilt2(zzlb,[3 3]);                       % 中值滤波
    axes(handles.axes3);
    disp(imshow(zz));
```

5. 阈值分割模块设计

① 使用“Push Button”“Static Text”“Edit Text”进行GUI的布局，如图2-8-7所示。

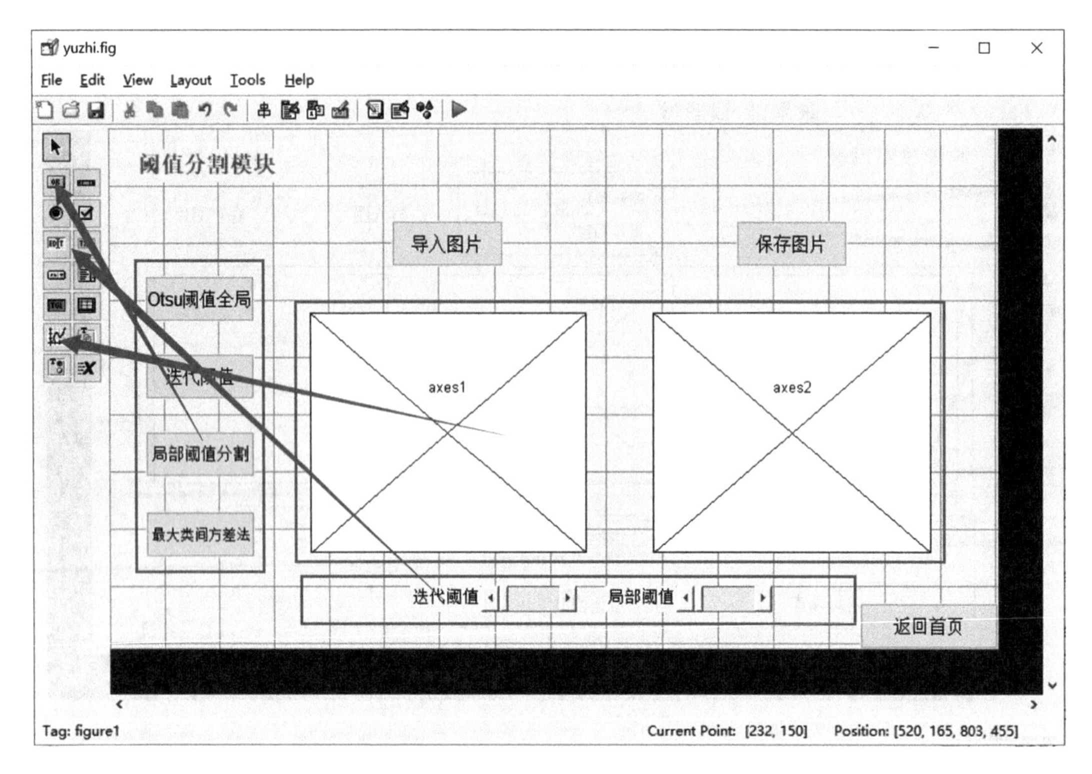

图 2-8-7　阈值滤波模块界面

② 对读入的图像进行 Otsu 阈值分割和迭代阈值分割。程序代码如下：

```
function Otsu_Callback(hObject, eventdata, handles)
    jindutiao(50);
    I = getimage(handles.axes1);
    I2 = rgb2gray(I);
    Id = im2double(I2);
    k = graythresh(Id);                                    % Otsu 阈值
    J = im2bw(Id,k);
    axes(handles.axes2);
    disp(imshow(J));
function ddyz_Callback(hObject, eventdata, handles)
    jindutiao(50);
    dd = getimage(handles.axes1);
    ddg = rgb2gray(dd);
    ddi = im2double(ddg);
    T = 0.5* (min(ddi(:))+ max(ddi(:)));
    done = false;
    while ~ done                                           % 迭代阈值
        g = ddi > = T;
        Tn = 0.5* (mean(ddi(g))+ mean(ddi(~ g)));
        done = abs(T- Tn)< 0.1;
        T = Tn;
    end
    r = im2bw(ddi,T);
```

```
    axes(handles.axes2);
    disp(imshow(r));
```

③对读入的图像进行局部阈值分割。程序代码如下：

```
function jubu_Callback(hObject, eventdata, handles)
    jindutiao(50);
    I = getimage(handles.axes1);
    c = rgb2gray(I);
    b = im2double(c);
    se = strel('disk',50);
    ft = imtophat(b,se);
    th = graythresh(ft);                          % 局部阈值
    g = im2bw(ft,th);
    axes(handles.axes2);
    disp(imshow(g));
```

④最大类间方差法程序代码如下：

```
function zuida_Callback(hObject, eventdata, handles)
    jindutiao(200);
    I = getimage(handles.axes1);
    c = rgb2gray(I);
    [ma , na] = size(c);
    a = c;
    [m , n] = size(a);
    max_g = 0;
    for t = 0:255
        N0 = 0;
        N1 = 0;
        u0 = 0.0;
        u1 = 0.0;
        a = double(a);
    for i = 1 : m
        for j = 1 : n
            if a(i,j) < = t
                N0 = N0 + 1;
                u0 = u0 + a(i,j);
            else
                N1 = N1 + 1;
                u1 = u1 + a(i,j);
            end
        end
      end
      w0 = N0 /(m* n);
      w1 = N1 /(m* n);
      u0 = u0 / N0;
      u1 = u1 / N1;
      u = w0 * u0 + w1 * u1;
      g = w0 * (u0 - u)^2 + w1 * (u1 - u)^2;
      if (g > = max_g)
```

```
            max_g = g;
            T = t;
        end
    end
    for i = 1:m
        for j = 1:n
            if a(i,j) < T
                a(i,j) = 0;
            else
                a(i,j) = 255;
            end
        end
    end
    axes(handles.axes2);
    disp(imshow(a));
```

6. 边缘检测模块

① 使用“Push Button”“Static Text”“Edit Text”进行 GUI 的布局，如图 2-8-8 所示。

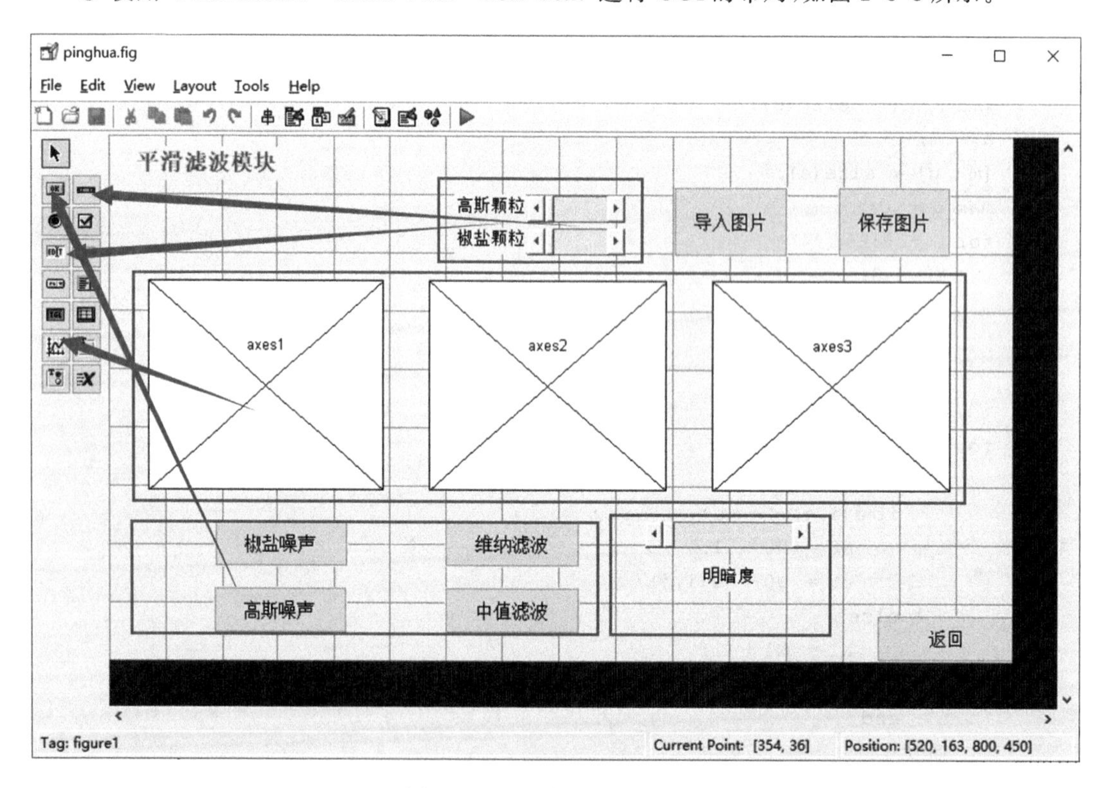

图 2-8-8 边缘检测模块界面

② 对读入的图像使用 Sobel 算子、Prewitt 算子、Roberts 算子、Canny 算子进行边缘检测。程序代码如下：

```
function sobel_Callback(hObject, eventdata, handles)        % Sobel 算子函数
    jindutiao(50);
    s = getimage(handles.axes1);
```

```
    b = rgb2gray(s);
    [m,n] = size(b);
    sobel2 = edge(b,'sobel');
    axes(handles.axes2);
    disp(imshow(sobel2));
function prewitt_Callback(hObject, eventdata, handles)      % Prewitt 算子函数
    jindutiao(50);
    s = getimage(handles.axes1);
    b = rgb2gray(s);
    [m,n] = size(b);
    prewitt2 = edge(b,'Prewitt');
    axes(handles.axes2);
    disp(imshow(prewitt2));

function roberts_Callback(hObject, eventdata, handles)      % Roberts 算子函数
    jindutiao(50);
    s = getimage(handles.axes1);
    b = rgb2gray(s);
    [m,n] = size(b);
    roberts2 = edge(b,'Roberts');
    axes(handles.axes2);
    disp(imshow(roberts2));
function canny_Callback(hObject, eventdata, handles)      % Canny 算子函数
    jindutiao(50);
    s = getimage(handles.axes1);
    b = rgb2gray(s);
    [m,n] = size(b);
    canny2 = edge(b,'canny');
    axes(handles.axes2);
    disp(imshow(canny2));
```

7. 其他功能

①“导入图片”按钮，程序代码如下：

```
function daoru_Callback(hObject, eventdata, handles)
    [daoru,path] = uigetfile('* .jpg;* .png');
    if isequal(daoru,0) | isequal(daoru,0) errordlg('没有选中图片','错误');
        return;
    else
        axes(handles.axes1);
        disp(imshow(daoru));
    end
```

②“保存图片”按钮，程序代码如下：

```
function baocun_Callback(hObject, eventdata, handles)
    [baocun,path] = uiputfile('* .jpg');
    if isequal(baocun,0);
        disp('取消保存');
    else
        t = getimage(handles.axes2);
```

```
        imwrite(t,baocun,'jpg');
    end
```

③"进度条"控件,程序代码如下:

```
function jindutiao(k)
    tic;                                                        % 开始时间
    bar = waitbar(0,'正在处理之中');
    A = randn(k,1);
    len = length(A);
    for i = 1:len
        B(i) = i^2;
        k = (100* i)/len;
        str = ['处理中......',num2str(k),'% '];
        waitbar(i/len,bar,str)
    end
    close(bar);
    toc;                                                        % 结束时间
```

④"返回"按钮,程序代码如下:

```
function baocun_Callback(hObject, eventdata, handles)
    delete(gcf);
    gui02;
```

⑤ "明暗度"滑动条,程序代码如下:

```
function mingan_Callback(hObject, eventdata, handles)
    ma_var = get(handles.mingan,'value');
    set(handles.minganfont,'string',num2str(ma_var));
    v = getimage(handles.axes1);
    g = imadjust(v,stretchlim(v),[],ma_var);
    axes(handles.axes2);
    disp(imshow(g));
```

⑥"旋转"角度设置程序代码如下:

```
function szjdt_Callback(hObject, eventdata, handles)
    ma_var = get(handles.szjdt,'value');
    maz_var = floor(ma_var);
    set(handles.xuanzhuanfont,'string',num2str(maz_var));
    v = getimage(handles.axes1);
    I0 = imrotate(v,maz_var);
    axes(handles.axes2);
    disp(imshow(I0));
```

⑦"椒盐噪声粒子与高斯噪声粒子"滑动条,程序代码如下:

```
function jiaoyantiao_Callback(hObject, eventdata, handles)
    jy_var = get(handles.jiaoyantiao,'value');
    set(handles.jiaoyanfont,'string',num2str(jy_var));
    v = getimage(handles.axes1);
    jyt = imnoise(v,'salt & pepper',jy_var);                    % 椒盐噪声
    axes(handles.axes2);
    disp(imshow(jyt));
function gaositiao_Callback(hObject, eventdata, handles)
```

```
    gs_var = get(handles.gaositiao,'value');
    set(handles.gaosifont,'string',num2str(gs_var));
    v = getimage(handles.axes1);
    gst = imnoise(v,'gaussian',gs_var);                     % 高斯噪声
    axes(handles.axes2);
    disp(imshow(gst));
```

⑧ “迭代阈值”滑动条，程序代码如下：

```
function diedaitiao_Callback(hObject, eventdata, handles)
    dd_var = get(handles.diedaitiao,'value');
    set(handles.diedaifont,'string',num2str(dd_var));
    v = getimage(handles.axes1);
    ddg = rgb2gray(v);
    ddi = im2double(ddg);
    T = dd_var* (min(ddi(:))+ max(ddi(:)));
    done = false;
    while ~ done
        g = ddi > = T;
        Tn = 0.5* (mean(ddi(g))+ mean(ddi(~ g)));
        done = abs(T- Tn)< 0.1;
        T = Tn;
    end
    r = im2bw(ddi,T);
    axes(handles.axes2);
    disp(imshow(r));
```

⑨“局部阈值”滑动条，程序代码如下：

```
function jubutiao_Callback(hObject, eventdata, handles)
    jb_var = get(handles.jubutiao,'value');
    jbz_var = floor(jb_var);
    set(handles.jubufont,'string',num2str(jbz_var));
    v = getimage(handles.axes1);
    c = rgb2gray(v);
    b = im2double(c);
    se = strel('disk',jbz_var);
    ft = imtophat(b,se);
    gt = uint8(255* ft);
    th = graythresh(ft);
    g = im2bw(ft,th);
    axes(handles.axes2);
    disp(imshow(g));
```

测试结果如下：

① 运行登录界面测试截图，如图 2-8-9 所示。

② 登录成功后进入操作界面，如图 2-8-10 所示。

③ 进入直方图变化模块，如图 2-8-11 所示。

④ 进入平滑滤波模块，如图 2-8-12 所示。

⑤进入阈值分割模块，如图 2-8-13 所示。

⑥ 进入边缘检测模块，如图 2-8-14 所示。

图 2-8-9 登录界面

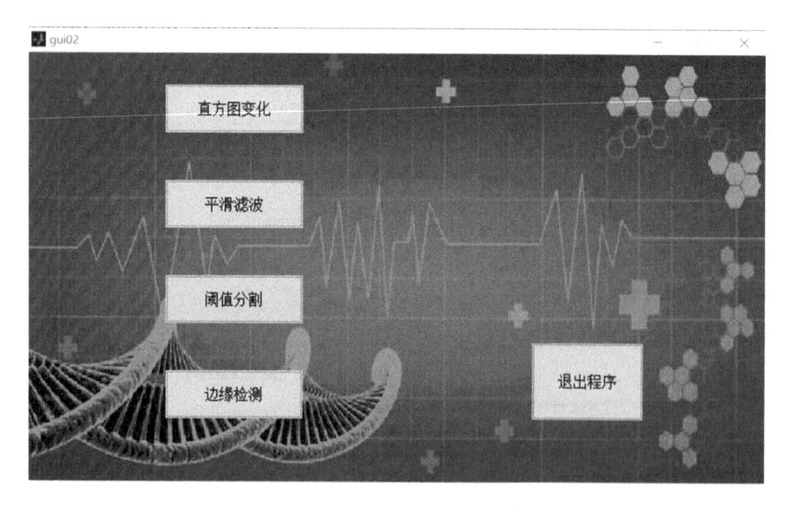

图 2-8-10 操作界面

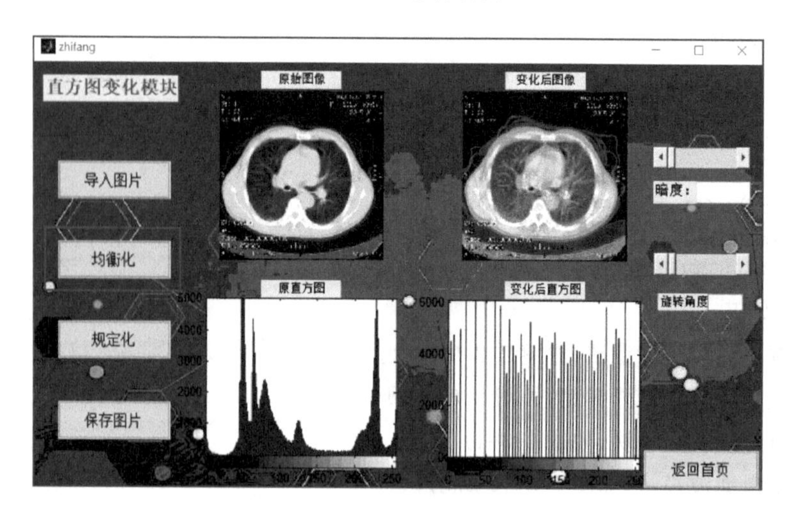

图 2-8-11 直方图变化

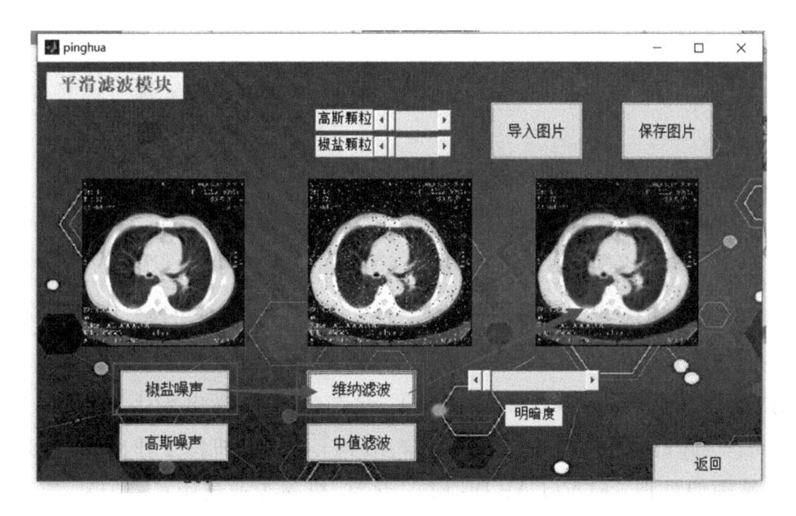

图 2-8-12　平滑滤波

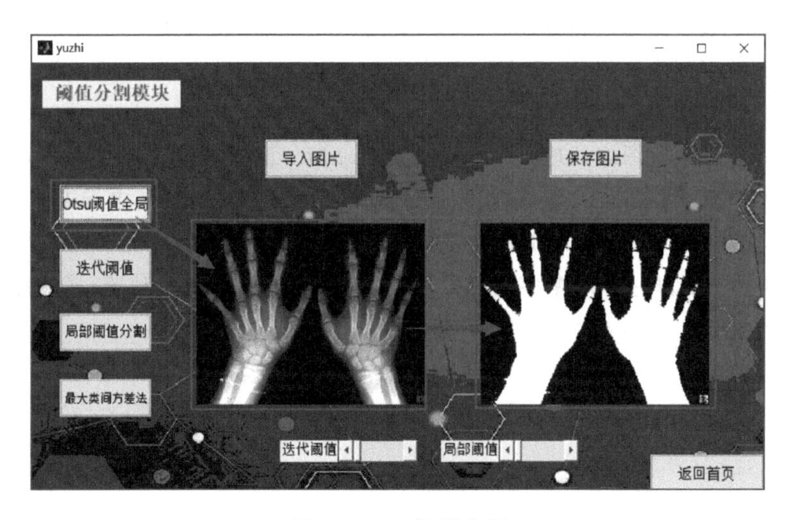

图 2-8-13　阈值分割

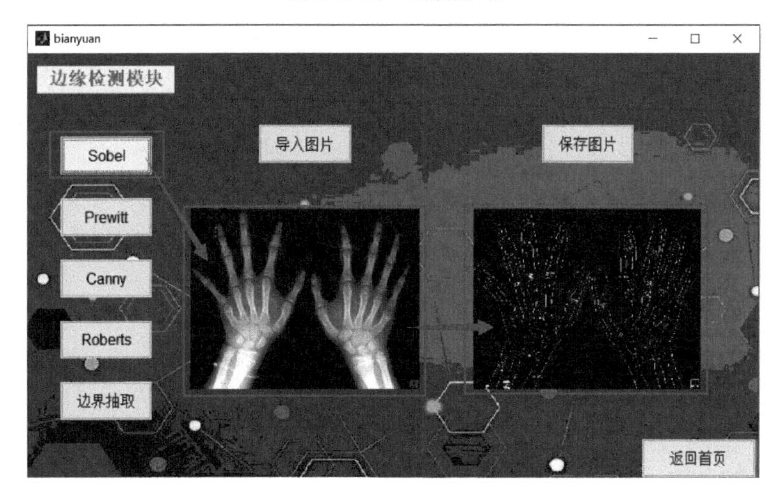

图 2-8-14　边缘检测

参 考 文 献

[1] 秦襄培. MATLAB 图像处理与界面编程[M]. 北京:电子工业出版社,2009.

[2] 姚敏. 数字图像处理[M].3 版. 北京:机械工业出版社,2018.

[3] 周品,李晓东. MATLAB 数字图像处理[M]. 北京:清华大学出版社,2012.

[4] 张涛,齐永奇. MATLAB 图像处理编程与应用[M]. 北京:机械工业出版社,2014.

[5] 王科平. 数字图像处理: MATLAB 版[M]. 北京:机械工业出版社,2015.

[6] 张铮,王艳平,薛桂香. 数字图像处理与机器视觉[M]. 北京:人民邮电出版社,2010.

[7] 杨杰,黄朝兵. 数字图像处理及 MATLAB 实现[M].2 版. 北京:电子工业出版社,2013.

[8] 杨杰,李庆. 数字图像处理及 MATLAB 实现学习与实验指导[M].2 版. 北京:电子工业出版社,2016.

[9] 全红艳,王长波. 数字图像处理原理与实践[M].2 版. 北京:机械工业出版社,2017.

[10] 杨高波,杜青松. MATLAB 图像/视频处理应用及案例[M]. 北京:电子工业出版社,2010.

[11]高展宏,徐文波. 基于 MATLAB 的图像处理案例教程[M]. 北京:清华大学出版社,2011.

[12] 拉斐尔,冈萨雷斯,理查德. 数字图像处理:MATLAB 版[M]. 阮秋琦,译. 北京:电子工业出版社,2009.